鲜活的生命，就是爱你自己本来的样子。

智 读 汇

连接更多书与书，书与人，人与人。

See Yourself

看见自己

杨新明 周卉 著

中华工商联合出版社

图书在版编目（CIP）数据

看见自己 / 杨新明，周卉著 . — 北京：中华工商联合出版社，2021.4
ISBN 978-7-5158-2983-8

Ⅰ . ①看… Ⅱ . ①杨… ②周… Ⅲ . ①心理学—通俗读物 Ⅳ . ① B84-49

中国版本图书馆 CIP 数据核字（2021）第 042094 号

看见自己

作　　者：	杨新明　周卉
出 品 人：	李　梁
责任编辑：	付德华　关山美
绘　　图：	杨新明
装帧设计：	王桂花
责任审读：	于建廷
责任印制：	迈致红
出版发行：	中华工商联合出版社有限责任公司
印　　刷：	北京毅峰迅捷印刷有限公司
版　　次：	2021 年 6 月第 1 版
印　　次：	2021 年 6 月第 1 次印刷
开　　本：	710mm×1000mm　1/16
字　　数：	272 千字
印　　张：	18.25
书　　号：	ISBN 978-7-5158-2983-8
定　　价：	58.00 元

服务热线：010-58301130-0（前台）
销售热线：010-58301132（发行部）
　　　　　010-58302977（网络部）
　　　　　010-58302837（馆配部）
　　　　　010-58302813（团购部）
地址邮编：北京市西城区西环广场 A 座
　　　　　19-20 层，100044
http://www.chgslcbs.cn
投稿热线：010-58302907（总编室）
投稿邮箱：1621239583@qq.com

工商联版图书
版权所有　侵权必究

凡本社图书出现印装质量问题，请与印务部联系。
联系电话：010-58302915

实践版序

看见自己

看见自己，就是让我们不再复制别人的人生。

看不见自己，对现实世界的人、事、物感到焦虑、抑郁、迷茫、困惑和疲惫，我们的生命会失去颜色。

《看见自己》是一本带领你重新激活自身潜能的书。细细品读，你就能看见自己生命成长的路径。

随着我们有意识地重复训练自己的潜能，就可以摆脱被设计的人生，看见自己，涅槃重生。所以，阅读前我请你一定要相信你能看见自己，并且重复自我确认，持续自我确认，坚持自我确认！而探索阅读时，你也不需要一口气就把书读完。

看，只是探索的一种方式，再加上闻、识、修三种学习方式，才能帮助我们提升驾驭知识的能力，把知识内化成自己身体中的一部分，融入血液，渗入骨髓，提高自己人生成长中的生命智慧。

看，是用眼睛阅读。它是滋养生命的一种生活方式，或收获知识的累积，或收获生命维度的提升。你可以习得多种的阅读方法，养成良好的阅读习惯，却只拥有1%的成功率，需要花费大量的时间。

闻，是用耳朵去听。你可以在阅读的时候，把你喜欢的部分和需要练习的部分朗读出来，或者和他人分享交流，借由喉咙振动发声产生的共鸣，来唤醒你身体的细胞。它拥有50%的成功率，需要花小钱，用时间换取。

识，是身体细胞的体验。让知识真正为你服务，而不仅仅是头脑中的概念。你需要把你认同的知识，放入你的生活中去爱、去体验、去觉察。借由生活实践，帮助你更好地理解爱、验证爱、相信爱，从而激活细胞中纯朴的真爱记忆，把重新建立起来的信念系统，打上爱的印记。它拥有80%的成功率，需要用财物和时间换取。

修，是生命的感悟。你会不断发现问题，看见事物本质的规律，放下过往的执念，提升生命的维度。在开启内视觉同时，你可以知道自己想成为什么样的人？实现什么样的目标？完成什么样的使命？建立自己持续探索生命智慧的方式，感悟生命的意义。到那时我会由衷地祝福你看见了最真实的自己。它拥有100%的成功率，需要用时间和空间换取。

学习路径	价值观	成功率	代价	成果
看（视觉）	自学	1%	理解成本+时间成本	积累式成长
闻（听觉）	被教育	50%	花小钱+时间成本	听君一席话，胜读十年书
识（触觉）	经验	80%	财物+时间成本	实践出真知，知行合一
修（意觉）	实修	100%	时间、空间	实现人生价值，感悟生命的意义

人往高处走，水往低处流。《看见自己》便是历时十个月看、闻、识、修的探索记录，经历一年半的反复修改，真实呈现生命涅槃重生的全过程。

2015年我发表了《我看见你了》，之后因周卉本人对个人成长的探索意愿，我们结缘，有了《看见自己》这本书的呈现。所以，每个看本书的人，都是自我生命的探索者。而看、闻、识、修，是共同探索全息生命的路径。

书中，无论探索实践者拥有怎样的生命经历，都不影响我们共同探索的过程，以及将深奥的理论在生活中实践，达到追求人生维度的提升和生命的升华。

当我们能够揭开自己生命的真实面纱时，我们就经历了求其上得其中，求其中得其下的探索全过程。将生命升华到了最高的境界，下载了宇宙最高灵的智慧。并从目标上升到愿景，从建立信念系统到相信使命必达。

最后，祝福大家都能够在实践中和周卉一起看见自己！

杨新明

2020 年 3 月

探索者自序

初衷

出一本自己的书，曾是我的梦想；学习心理学专业，也曾是我的大学梦。可是在我 36 年的生命旅程中，它们非但不曾实现，还让我离梦想越来越远。

我在离异家庭中长大。和父母的相处，不同程度地影响了我为人处世和对待婚姻的态度。

父亲在世时，他是我最坚强的依靠。无论是上大学还是工作，我都听从父亲的意见。父亲北大毕业，是一个有学识的人，为我设计了他认为我未来最理想的人生，设计的理由十分充分，无法反驳。让我忘记了自己也拥有选择人生的能力，只学会了用假装的积极乐观把真实的自己掩饰起来，不敢为自己的梦想奋不顾身。

我的母亲是我生活中坚强的榜样。她勤劳能干，曾获得"全省劳模"的称号，也让我变得像她一样要强。我为了证明自己，不让母亲失望，放弃了想要在一个领域精专地做自己喜欢事情的想法，令自己满身疲惫，充满困惑。

27 岁，我如愿成为妻子和母亲。生命角色的叠加，除了给我的生活增添了乐趣外，也带来许多的烦恼。我发现孩子的教育，并不是喂饱穿暖就可以解决的；我发现婚姻也并不是无须经营维护，就可以一帆风顺。不会选择，就总想依赖他人；凡事倔强要强，就丧失了女性该有的柔韧。最终婚姻解体，我成为单亲妈妈。

2018年7月我"裸辞"了。迷茫的我，想要重新看见自己，重拾自己的梦想，却不知该如何开始。学习亲子咨询师课程，学习心理咨询师课程，让我对看见自己有了一丝粗浅的认识，但离真实的自己还相差甚远。"裸辞"后无意开始的写作，让我借由一篇关于男女平等的文章，有了和杨老师的再次连接，而杨老师对我的文字也表达出由衷喜欢。于是，我再一次从书架上翻出杨老师2015年发表的《我看见你了》，决定借由杨老师的帮助和电影《阿凡达》作为探索的工具，走上更系统的探索道路，全程记录下来我探索、蜕变、看见自己的全过程。

感受

在记录和探索的路上，我也挣扎万分。书稿也是反复推翻、修改，甚至几度停笔。就是因为，探索自我从来都是一件痛苦的事情。并且，探索也并不是一个仅仅依靠在大脑的逻辑层面思考，就可以完成的事情。

困顿时，杨老师说："探索是要真实进入到探索状态，去感受生命。而实践的同时也要始终思考，你为什么要做这件事。如果只是为了记录过程，偏离了探索的意义，那么宁可不要动笔。因为每个生命都是真实鲜活的。所以，即便是探索记录下来的文字，也是需要有生命和灵魂的。这样，才能带给人启迪和共鸣。"

最初探索记录时，我就始终停留在大脑的知识层面。我的状态和情绪十分烦躁，几乎进行不下去。没灵感的时候，我可能呆坐一天；受到干扰和影响，又会被外界所影响，感到不知所措，急不可耐。

时间不等人，但时间又最疼人。不等人，是因为记录应当是有进度的，探索的不稳定状态，直接影响记录的不稳定，进度受到了严重的影响。最疼人，是因为你在什么地方投入时间，结果就会在什么地方给你回报。当我不断地加深实践体验，开始能够真正抛开一切去看见自己最初的梦想和使命时，我看见了全新绽放的自己，胜过一切物质带给我的满足。

这时候，无论工作还是生活，我都变得越来越专注和执着。情绪上，能量上我收获了巨大的正面力量，决定带着使命感去完成自己的梦想。并坚定地相信，我一定能在梦想的道路上，实现自己想要的一切！

寄望

曾经，我在一个99.9%都是女性，并且服务对象99.9%也都是女性的行业里工作。多年对企业文化的学习和培训，令我的骨髓里注入了当时企业赋予我的家庭价值观："一个女人，决定一个家族，三代人的命运。"

对于这句话，我简单地理解就是，身为女性，我们就在做女儿、妻子和母亲。三代人，分别代表的就是亲孝、亲密和亲子三种家庭关系。

俗话常说"女人如水"，中国的文化里也常把大地和河流比作母亲。这说明，女性像水一样，是滋养和孕育生命的本源。同时，女性也像大地能够生长容纳万物一样，是和谐家庭的根本。

身为女性，我是自豪的。我也希望我亲身探索和实践的生命故事，能够唤醒更多女性与生俱来的使命感，和我一样在看见自己成长蜕变的同时，收获幸福和事业的双丰收。

从2015年《我看见你了》第一次出版，到现在这本书融入我生命实践的再版。

作为参与探索，并全程记录探索过程的我来说，希望借由这本书，借由每个部分我彻底向内审视的成长，带给你一些启发和帮助。也愿你能够看见真实的自己、看见自己的梦想和使命。

我诚挚地邀请你和我一起携手前进。我相信，我们都能看见真实的自己！

周卉

2020 年 3 月

探索前你需要知道的事

关于探索

探索，如同我们常说的修行。它不在深山老林里，也不在喧嚣闹市中，而是在我们智慧的潘多拉宝盒——心灵。

为了呈现宝盒的原貌，我们必须要借由实体的事物来帮助我们看见它的存在，找到它来指引人生。因此，探索中，我们便需要使用工具，来帮助我们开启宝盒。

这次，我们在探索时用到开启宝盒的工具，包括：我的探索记录、电影《阿凡达》和《我看见你了》（2015版）中的理论体系。探索是我将2015版《我看见你了》的理论体系，用于我的生命探索实践中，借由电影《阿凡达》的投射来带领我深入，通过全程记录，与杨老师在探索中的交流和沟通完成的。

关于能量

大到宇宙，小到我们每个人，都是一个巨大的能量体。我们的精气神和情绪都是能量，都存在于我们的身体里、心里。探索，除了是对能量的寻找、释放和注入以外，也是一种能量的转换和回输。我们可以在寻找中，看见影响自己的负能量和自己存有的正能量。当正负能量通过释放转化时，我们便拥有了回输激活能量的能力和看见自己、成就自己的一切力量。

关于投射

在这个探索旅程中，我记录的探索过程，会是你的投射。电影《阿凡达》中的一切人事物，会是你的投射。为了方便你更轻松地进入探索状态，我们也提前对《阿凡达》电影中常见的投射进行了解。而我探索时，杨新明老师也会对这些投射进行讲解，我特别用加粗的方式进行了标注。

大脑投射	
心即大脑（左脑＋右脑）	左脑是显意识（逻辑区），右脑是潜意识（潜能区）
潘多拉星球	投射的是大脑，包括显意识和潜意识
潘多拉星球的军事基地	投射的大脑的显意识，即左脑
潘多拉星球的纳美人家园	投射的是大脑的潜意识，即右脑
人物投射	
男主角：杰克·萨利	探索者。能量投射：在迷茫的人生中，想要找到真实的自己（我是谁？）
女主角：奈蒂莉	真我（真实的自己）。能量投射：杰克·萨利的潜意识阴性能量的投射
阿凡达	杰克·萨利潜意识里的真我投射实体
纳美人	潜意识投射的实体。对应现实探索中潜意识里面可能发生的一切信息
格蕾丝（阿凡达）	探索助力角色：求知者
诺姆（阿凡达）	探索助力角色：平庸者
楚蒂（飞行员）	探索助力角色：正义者
库里奇（执行团伙）	探索助力角色：索取者。现实社会或自己现实中的另一面角色，投射现实中活在"小我"世界，疯狂追求物质的贪婪者

续表

帕克（投资机构）	探索助力角色：物欲者。现实社会或自己现实中的另一面角色，投射现实中活在"小我"世界，追求物质组织中的雇佣者
苏泰（纳美人）	否定能量的投射实体，对应现实中被负面情绪绑架的人
伊图肯（纳美人）	潜意识中阳性能量的最高领袖
莫娅（纳美人）	潜意识中阴性能量的最高领袖
物品、动物及植物投射	
潘多拉狐猴	潜意识的平衡系统能量
连接仓	连接潜意识的通道（法门）
阿凡达和纳美人的辫子	连接潜意识的工具（法器）
超导矿石	潜意识能量（潜能，人类唯一的宝藏）
家园树	潜意识里"家"的实体投射
灵魂树	潜意识里人的精神的终极能量，我身心灵能量源泉
六角马	潜意识里训练技能的潜能投射
悬浮山	潜意识里的想象力和创造力能量投射
面具/氧气面罩	面子
战斗机甲	尊严（自我保护的盔甲）
螺旋叶	隐私
锤头兽	安全感
闪雷兽	恐惧
毒狼兽	恐惧产生的负能量（闪雷兽的近亲）
圣树种子	灵魂树精灵（真我的精神与漂浮的精灵）
伊卡兰	情绪（魅影大鸟的近亲）
魅影大鸟	情商（具有魅力和影响力的王者）

目录 | CONTENTS

◎ **探索启航 001**
　　人可以退役，精神不可以退役。

◎ **觉知面子 019**
　　摘下面子探索，看见赤裸裸的自己。

◎ **觉知隐私 049**
　　释放隐私探索，接纳并不完美的自己。

◎ **觉知安全感 069**
　　面对不安全感，渴望的安全感都是假象。

◎ **觉知恐惧 085**
　　恐惧是你能力唯一的限制，战胜它。

◎ **觉知无畏 099**
　　人不是生来就平庸，而是缺乏无畏逐渐变得平庸。

◎ **觉知家园 113**
　　生命渴望回归，家园是灵魂唯一的栖息之所。

◎ **觉知潜能　133**
潜能是宇宙赐给每个生命的天性能量，开发并保护它。

◎ **觉知情绪　157**
管理并驾驭情绪，你的人生终成大事。

◎ **觉知真爱　177**
成为爱的源泉，重新让生命焕发生机。

◎ **觉知价值观　203**
价值观是你解读世界的唯一解码器，要么天堂、要么地狱。

◎ **觉知信念　227**
只有真正触摸到信念，信念才会引领你的人生轨迹。

◎ **觉知真我　249**
觉知到鲜活的生命，看见自己，涅槃重生！

后记　267

探索启航

人可以退役，精神不可以退役。

  探索启航，电影《阿凡达》是我们共同看见自己的探索工具。探索时，我们会通过《阿凡达》而投射自己的故事。用投射觉知自己的生命，我们就打开了探索大门，开启了探索自己的这趟航程。

  现在我们就从电影《阿凡达》的片头开始。如果你正好有这部电影，把书和电影一起打开，相信我们的探索启航会更加精彩纷呈！

  飞行穿越过迷雾层层的森林上方，电影男主角杰克·萨利——一名退伍的残疾军人，开始了他的自我独白。

  "当我躺在退伍军人医院，面对我一生最大的不幸，我开始做一些有关于飞翔的梦，自由地飞翔，但是，你总有醒来的一刻。"

  此时，杰克·萨利睁开双眼，出现在众多行人的斑马线一头，坐着轮椅等待着穿越马路。绿灯！所有人开始通过马路，斑马线上的行人除了杰克·萨利，都戴着口罩或者面具。

  "假如你有钱的话，他们可以帮你把脊髓医好，但单靠那点退伍军人的抚恤金，根本不可能做到，一次 VA 检查再加 12 美元，你只有一杯咖啡，我就是他们所称的轮候。"

杰克·萨利在居住的地方，正在用双手为自己脱去裤子，露出了他那萎缩得比手臂还要细的双腿。

"电影中，杰克·萨利的内心独白，就是杰克·萨利真我的声音。探索自己的目的地就是找到'真我'。"对着电影画面，杨老师开始带领我探索。

"杨老师，我如何借由电影探索呢？"我问道。

"把杰克·萨利当作你的投射，借由投射物与现实中的自己连接。"杨老师说。

人是一个复杂的个体，从细胞、器官到系统、整体。我们看到的人事物，喜欢或不喜欢，都是自己内心真实的投射。所以，电影是演绎投射的载体，男主角杰克·萨利就是我们每个探索者的投射代表。在探索中，我们都是探索者；在能量里，我们都是能量代表，一起寻找"我是谁"。

"我为了锻炼自己而加入陆战队，我一直告诉自己，别人做到的事我也一定能做到。"

杰克·萨利如常人一般在酒吧里面玩，他把一杯酒放在自己眉心的位置，用轮椅摆动维持平衡，似乎想要证明他与常人一样，他和所有人一起狂欢。

"直话直说吧，我不需要你的同情，你想要一个公平的交易？你来错星球了。弱肉强食，事实就是这样，而且没有人会在意。"杰克·萨利对自己说。

这时，他看见一个男人正在扇一个女人的耳光。那女人感到十分委屈，于是，杰克·萨利用双手移动轮椅缓慢靠近。趁其不注意，杰克·萨利就从男人座位的下方快速抽走凳子，使其毫无防备地栽了个跟头。随即便扑上去，抡起拳头狠狠地揍这个男人，在酒吧引起了一阵骚乱。

"我只是为了应该奋斗的事而奋斗。"杰克·萨利的内心在呼唤。同时挥舞着自己的拳头，奋力击打这个身形比他魁梧的男人。但杰克·萨利寡不敌众，随即便被酒吧的人从后门拖了出去，把他丢在水坑里，接着狠狠地朝他身上甩他的轮椅。

天空还在不停下雨，躺在水坑里的杰克·萨利，像是嘲笑着自己的行为，有些无奈，却内心骄傲并自豪。

"杰克·萨利对自己说'别人做到的事我也一定能做到！''我只是为了应该奋斗的事而奋斗！'残疾的他即便感到弱肉强食世界的不公平，内心却依然有一股为正义而战的心，并竭尽全力用自己的方式，寻找突破口。这不就像每天拼命努力，想要超越昨天的自己，实现财富倍增、阶层跃迁、梦想实现的我们一样吗？"杨老师说。

是啊，杰克·萨利的确是身残志坚！那我呢？

此时，我已经"裸辞"半年了，我很想弄明白自己接下来到底可以做什么！我受够了没有目标，浑浑噩噩如陀螺一般的生活。但我同时又疑惑，没有额外的收入，还要把时间全部投入到对自己的深度探索中，并且暴露自己的隐私，全程记录下来。这样，真的会让我改变迷茫，收获生命的蜕变吗？

我回想起自己的故事：

> 八年前，一通电话，摧毁了我的精神。
>
> "是周卉吗？你的父亲发生意外烧伤，现在正在人民医院

抢救，请你尽快过来，手术需要家属签字。"

一个陌生的电话、陌生的声音，让本该普通的周末，变得不普通。一到医院，主治医生就向我简单描述病情，然后让我签字同意手术。

我签了，别无选择。接着医生又拿来一张病危通知，我还是签了，别无选择。

隔着处置室的门，耳旁传来一次又一次父亲因为疼痛发出的叫声，让人听了既揪心又着急。此时，充满消毒水味道的走廊中，疼痛的叫声与医生一次次告知病情的声音相互交叠，此起彼伏，盘旋在我的脑海。

签字，了解病情；签字，讲解病情；签字……我来回踱步在走廊中，随时等待医生的召唤。除了签字，我不知道我还能干什么！

过了很久，护士将父亲从处置室转移到了普通病房，这时父亲叫了一声："周卉！""哎，我在这里。帮你倒点水，润一下嘴唇。可能有些难受，没事的，忍忍就好了。"

我不敢看父亲，听到父亲喊我的名字，回应道。却万万没想到这是我和父亲最后的对话。

"周卉，快来医院，你爸不行了！"凌晨时分，电话响起，话筒那头传来这样的声音。迷迷糊糊听到后，我瞬间清醒了。赶紧从床上爬起来穿上衣服到医院，可到达医院时，却被告知，父亲已经走了。

这结果，就像一根棒子突然朝我的头部打下来一样，顿时头脑一片空白，失去反应能力。一时间，我哭不出来，也不敢

> 到病房里，我呆呆地站在走廊上，心想我要控制好情绪，不要害怕，接下来还有很多事要我处理。
>
> 　　陆续通知家人赶到了医院，前后帮忙着张罗后事。我走进病房，机械般拿着衣服给父亲换上，丝毫不敢抬头。我想父亲应该只是睡着了，他只是累了需要暂时休息一会儿，他的身体还有温度呢。我接受不了，也不愿相信这个事实，只觉得这一切是一场梦。
>
> 　　梦是会醒的。穿好寿衣，医院太平间的人过来办理手续，要转移遗体，通知火葬场。记忆在一瞬间变成空白，所有的声音在耳旁也都成了嘈杂的背景。

　　转眼八年，这通电话犹如死亡之音一般摧毁了我生命里唯一的依靠。父亲走了，就好像从我的生命中被抽掉了魂一样，让我感到精神的崩塌，甚至一度在责备自己是害死父亲的凶手。我以为我可以放下，而如今回忆起来，才发现自己一直没有接受。

　　"杨老师，我是一个双手双脚健全的人。但八年前父亲的离世，让我的生活、婚姻、事业逐渐陷入混乱的境地。我感觉，自己还不如杰克·萨利！"

　　我把电影按下了暂停键，对杨老师说道。

　　"其实你第一次和老师见面时。老师就看到了你当下包裹和封闭自己的问题。探索自己，首先就要面对自己的经历，获得精神能量。人的精神由能量构成，它的消耗和输入是平衡的。沉浸在过去经历中越久，对能量就是消耗，让你无法解脱。此时，没有新能量注入，你的精神能量层级很低，生命就会枯竭。过去已经过去，此刻你不面对和释放，还打算带到生命终结吗？"杨老师说。

我安静了许久，然后说："杨老师，我觉得我内心更多的是挣扎和煎熬。父亲在时，我已经习惯了遇到问题就询问父亲，然后获得他的帮助和支持。这时候，父亲就像我的'导航'和'军师'。父亲不在后，我感到自己充满迷茫。恐惧和害怕做自己想做的事情。我其实很敬佩杰克·萨利的身残志坚，也明白您说的精神能量。可是，道理都懂，真要做时，却举步维艰！"

父亲对我精神世界有着重大影响。

从我小时候，他就循循善诱教导我为人处事的道理。我尊重并相信父亲为我选择的道路和建议，于是，我和父亲一样善于做学问，同时对待所受的不公，也不会计较而是选择隐忍。但却发现我总是会隐藏自己的真实想法。

我和母亲关系不融洽，我们的交流是阻断的，我自身也抗拒。父亲离开后，我想打官司，但母亲不支持，丈夫也不帮忙。同时，工作中也相继遭遇同事的背后中伤，老板的不信任，管理部门人员工作的不配合。不帮忙的丈夫，当时自己也自顾不暇地摊上了一些事，而他的处理方式令我感到失望。

那时候，我感到自己焦头烂额，却对人开玩笑说，自己不过是遭遇了亲情、友情、爱情、事业的集体背叛，没事，毕竟我是小草，打不倒！

于是，就算祸不单行，我也强撑。婚姻让我失望，我就干脆放弃了婚姻，做起了单亲母亲，独自扛。但真实的我并不快乐，也不开心，更感到这个世界就剩下我一个人。

"你的问题就是父亲离开后你的精神系统倒塌了。父亲是你的精神能量。面对、释放经历是帮助我们获得精神能量的开始，一开始出现挣扎、煎熬是正常的。因为你不知道自己深入探索会不会更好，并且感觉看不到结果。但是，当我们经历后，真正能够放下时，我们就会逐渐拥有自己的精神能量，拥有信念。这便是探索自己的价值和最终拥有自己精神能量、建立信念的意义所在。"杨老师说。

我就像自己人生剧本的导演一样，始终在自编自导自演。

父亲带给我能量，我就导演和父亲之间精神能量的励志剧。我对母亲抗拒，我就导演和母亲精神能量博弈的战斗剧。丈夫不配合，我就导演和丈夫的婚姻破裂的家庭剧。到了儿子小学一年级，我成为常被儿子老师教育的常客，我又开始导演单亲妈妈的职场励志剧。

我感觉自己一直深陷于恶性循环中，难以自拔。我累了，我想改变，便下定决心圆我大学想学心理学的梦，从学习亲子咨询师到心理咨询师。

"杨老师，您说出了我心中的想法。但我更想要一个人把自己从这扇门踢出去的人。"我说。

"老师就是来'踢'你出门的人。你去学亲子咨询师、心理咨询师，找到老师和老师一起深入探索，就是因为你的潜意识已经有了想要拥有自己精神能量，建立信念的意愿。现在就开始吧，一切都不晚。"杨老师说。

杨老师的话，犹如我的内心独白一样，句句击中我心。

"嗯。"我淡淡地回了一句，接着说："我从小最喜欢'走自己的路，让别人说去吧'。但面对现实，还是会有些胆怯。这个社会变化太快了，我们忙着赚钱和生活，温饱有时候都顾不上，自我探索这种耗费精力的事情，和别人说起来就总是会被人嘲笑自己不现实。'裸辞'后，我经常面临这样的内心考验，甚至有些恐惧社交。"我说。

"老师给你推荐一个名叫《男孩丹尼》的微电影。电影里除了男孩丹尼外，其他全都是无头无脑人，即便看不见、摸不着也能继续过着程式化的社会生活。男孩丹尼有头有脑的却成为与这个社会格格不入的异类。他因自己的与众不同感到孤独，天天打磨他的木架。直到有一天终于吓跑了自己喜欢的无头女孩而怀疑人生，为了融入无头无脑的社会，他无奈地走上自制的断头台斩断自己的脑袋。融入无头无脑的人群，就是你说的被这个社会给同化了。这个故事给我们什么启示呢?"杨老师说。

"我看到影片中无头无脑的乞丐明明无头还要挂着盲人牌子,而司机车祸频出,抢劫放火的人四处扫射发生误伤。但他们都有序地活在无序之下。他们令我感觉就像社会上人与人之间感情危机、信仰缺失、人性扭曲、互相提防、迷茫焦虑的人一样。"我说。

"影片中的无头人,就是一群活在虚幻世界不愿意醒来的人。这种社会乱象让男孩丹尼活得十分孤独和无奈。你能觉察到他的内心感受吗?"杨老师问。

"我感到,男孩丹尼有种看清后的无能为力感。有点像我'裸辞'后自我探索面临的内心考验。我们都不知道自己是该成为无头人还是继续坚持做清醒的有头人。"我开始把自己想象成男孩丹尼。

"其实,男孩丹尼才是真正想要清醒地活成真实自己的人,有自己的梦想和追求。然而,当他信念不强大而怀疑自己人生时,就被社会同化了。这也是这个社会大多数人一生碌碌无为、至死平庸的缘故。更深层的投射就是,社会的快速变化、文化断层和教育缺失,导致我们害怕和别人不一样成为异类,我们就会不自觉斩断自己的头脑,融入现实社会大染缸里同流合污。那么,周卉你是希望像男孩丹尼一样'砍掉'头?还是走自己的路随别人怎么笑话呢?"杨老师的话再次叩问我的内心。

我心想:是啊,要是我像无头人一样,每天很忙碌焦虑,但又心浮气躁;每天有干劲,但又做不是自己喜欢的事;每天很充实,但又很无奈地活着。每天无私奉献自己的时间和精力给他人,却不敢为自己的人生目标奋斗一把,我真的就会活成别人的笑话,成为"无头无脑"的人。

"有限思维决定的只能是现在,而不是未来。未来在潜意识里,需要相信的力量引领当下行动。现在老师对你就是相信,相信不论花多少时间,这个自我探索的过程,会改变你现在的生活现状,找到人生的方向，做自己喜欢的事业，这些都会成为你生命最宝贵的财富。相信你最终一定能活出真实的自己。"杨老师继续说道。

然而此时，我已经"无头"很久了，我想我应该把头"装"回去，于是对杨老师说："杨老师，我还能把自己'砍掉的头'装回去吗？"

"当然能。每个人都能用自我觉知和觉醒的能力来成就自己，就像杰克·萨利身残志坚，拥有相信的力量，战胜自己，突破自己，用信念坚持超越昨天的自己一样。"杨老师说。

"所以，我们需要借助电影来帮助自己？"

"电影是我们探索的工具也是人成长的生命导师。没有生命导师的引领你可能会走很多的弯路，有的人甚至都绕不回来。我们可以从找喜欢的事开始，看见自己的生命导师是谁。"杨老师说。

喜欢的事？大家应该都会说是赚钱吧！我心里想。但对我来说，赚钱应该是我找到自己喜欢的事后，顺便获得的。

"'裸辞'后，我开始大量阅读，然后进行写作。但是，我并不确定它是不是我喜欢的事。"我说。

"你和杨老师连接是从写作开始的。你什么时候开始写作？为什么你会选择写作？而不是其他事情呢？"杨老师问。

"这好像就是一种自然而然的习惯吧。我开始看书，脑袋里有很多的想法，就会做笔记写下来。后来，我各种试错，不论亲子课程、演讲打卡还是时间管理课程，要把每件事做好都离不开写。而我把大量时间都花在了写上，就觉得写的意义和价值对我来说有种说不出的开心和愉悦。于是，我又开始写每日随笔，从日复盘到心情记录。我很喜欢这种对自己内心审视的方式。当自己不断写时，我便开始把自己写的内容整理成文章，通过微信公众号发表出去。而后开始收到他人的反馈、留言转发和打赏。接着，我就加入写作的社群，以写为据点，开始了一切与写有关的事情。"我和杨老师分享道。

"当人愿意在一件事情上，投入精力和时间并且持续，同时找到该怎么做的方法，充满愉悦和幸福时，这件事情就会是他喜欢的事。你在写作上能够一直持续，那么写作会不会就是你喜欢的事？如果是，那么你的梦想为什么不能是作家呢？"杨老师说。

我开始透过自己的行为习惯和生活，有意识地观察和思考自己最喜欢的事，并不断验证。

"如果作家是我的梦想，那么我要写些什么呢？"顺着老师的话，我好像对结果更期待。

"你去学习亲子教育、心理学，以及和老师进行深入探索，它们所属的领域会不会是你可以写的内容呢？"杨老师的问题好像在启发我，我也顺着他的问题进入思考并回答。

"我是因为孩子教育感到困惑，父亲离去后和父亲的精神能量连接断了，遭遇人生困境才开始意识到要自我成长，去学亲子咨询，学习心理学的。而心理学是我的大学梦。我边学边累积相关知识。写作时，的确也经常写与亲子教育、个人成长、亲密关系有关的内容。这么说，我的写作可以在心理领域？"我一边探索着思考，也一边向杨老师抛出疑问。

"心理领域还不够完整，老师认为应该是身心灵领域。心理学会帮助我们释放和解脱，但是缺少对精神能量的注入和对信念的塑造。少了这个环节，我们会无法成为一个精神独立的人，反而总会依赖心理学习，心理咨询。身心灵领域是找到真我，获得自己的精神能量和信念，这时我们是独一无二的，未来的路可以自己走。所以，你的写作是专业，身心灵是专业领域，心灵作家是你的梦想职业，这样你有了自己的生命系统，可以开始创造你自己的生命了。"杨老师说。

学了近八年的心理学，依然没有找到真实的自己，活在虚幻的世界。如今，我终于明白学习心理学，我只帮助了自己做自我调节和释放，却没有精神能量的注入和信念的塑造。所以，我的灵魂还是缺失的。我只有突破自己上升到身心灵领域，才能在自己生命系统中创造生命。此时，我豁然开朗了许多。

"杨老师，您帮助我梳理的生命系统，让我看见了自己生命的光。让我感到充满希望和能量，看见了未来的自己。不然，我可能还在继续走弯路。我觉得除了电影，您也是我的生命导师。"我说着，似乎也明白了生命导师的意义和价值。

"生命导师就是引领你把喜欢的事在对应的领域里发挥到极致，找到适合自己的生命系统的人。很多名人在成功前，都有一个帮助他在喜欢的事上发掘潜能的生命导师。我们永远只有把喜欢的事变成专业进入专业领域，才能拥有自己的生命系统，如走捷径一般成就梦想，创造奇迹，把不可能变成可能！"杨老师说。

"是不是生命导师只能是人呢？"我问。

"生命导师是人，也可以是一句格言、一本书、一堂课、一部电影。"杨老师说。

"还有没有把喜欢的事作为专业进入专业领域，拥有自己生命系统的真实案例呢？"我说。

"当然有啊。钢琴家郎朗。他喜欢的事是弹钢琴，钢琴就是他的专业，音乐就是他的领域，也是他自己的生命系统。当他把喜欢的事变成专业进入专业领域，他成为一名钢琴家，也拥有了自己的生命系统。"杨老师说。

我们也可以通过一个表格，来更好地理解人与生命导师的关系（如表1所示）。

表1 人与生命导师的关系

成功人士	生命导师	喜欢的事（专业）	专业领域（生命系统）
钢琴家郎朗	郎国任	弹钢琴	音乐
投资家巴菲特	本杰明·格雷厄姆	财务	金融投资
米开朗基罗	罗伦佐	画家	艺术
钱学森	冯·卡门	航空工程	科学
海伦·凯勒	安妮·莎莉文	写作	文学
周卉	杨新明	写作	身心灵

"杨老师，我们该如何能找到并确定自己的生命导师呢？"

我想每个人都会渴望找到好的生命导师。

"在觉知经历和体验中，找到自己的连接通道。当我们不断地和人、书、课程或者电影产生交集和连接时，我们要去觉察自己什么时候最投入、专注、热爱和持续的快乐和喜悦。这时，我们对于迷茫和困惑会豁然开朗，不仅能看到清晰无比的道路，也会无比坚定。心中只要想到，就会感到开心，并愿意持续投入。这样，它们就会是你喜欢的事。而能够帮助你在喜欢的事上更好发挥的人、书、课程或者电影就是你的生命导师。你与它们连接的方式就是你的连接通道。比如和人连接是喝茶、音乐、运动，而书是分享、阅读、做读书笔记。你写作时的连接通道是什么呢？"杨老师说。

"我想起，自己在写作时投入和专注体会自己选择道路的正确性，并获得对于迷茫的解惑。而在看自己喜欢的书、拍照、跑步时，我会获取创作的灵感。这是不是说明我写作的连接通道是看书、拍照、跑步呢？"我说。

每个人的经历和体验不同，连接通道，也都是独一无二的。所以，我们必须自己去看见。

"以拍照为例，它是你创作灵感的来源之一，但判断连接通道的关键在于它是否能够帮助你实现梦想。也就是说，连接通道必须是你成就梦想的载体。它能实现，它就是这件事的连接通道。所以，我们需要带着觉知体验和经历，同时，验证自己的连接通道，判断我们是否用它来帮助自己。"杨老师说。

"这是不是意味着，连接通道就是实现目标的工具？所谓'工欲善其事，必先利其器'。我们成就事业就要寻找平台。我要写作，内容的灵感应当极具价值，才能成为好的作家。写作内容展示需要发表平台或出版社的支持。只有激发并成就我把喜欢的事情做到极致的通道，才是我最好的连接通道。可是，这个过程会不会很久？"我感到自己目标出来时，就想快点看到结果。

"收获结果是需要用时间和空间换取的。你曾经引用过一篇有关李安的文章，说李安没有工作和收入的六年时间里都靠太太维持家庭。这六年里，无论他如何怀疑自己甚至想学计算机，他太太都坚定说：'IT界不缺你一个学计算机的，但影视界缺一个伟大的导演。'这种坚定的支持和李安在电影上的钻研和追求，使他成为一个伟大的导演。此后，他所有的身份和工作都和梦想有关。因此，收获结果，在追求梦想这个未知未来时，时间和空间就是付出，信念是坚持的法宝。"杨老师说。

其实，说自己要当心灵作家的时候，我也是不敢确定的。只是，觉得人需要目标。

"也就是说，我还需要带着耐心和恒心持续探索自己。不论是确认梦想，还是获得精神能量，拥有坚定的信念？"我对杨老师说。

"是的，看见自己我们才刚刚探索启航。如果你能够排除万难地走到最后，那么你就会是探索自己后，借由探索找到喜欢的事，拥有自己的专业，进入专业领域，找到自己生命系统，实现梦想的真实实践者。现在我们的电影已经暂停很久了，可以继续了吗？"杨老师说。

我点点头，电影开始继续播放。

此时，来了两个陌生人和杰克·萨利确认身份。他们告诉杰克·萨利是有关他哥哥的事情。于是，它们来到火化间。

杰克·萨利在一个大型纸箱的旁边，工作人员打开纸箱，掀开黑色的袋子，里面躺着一具遗体。是杰克·萨利的哥哥汤米。

杰克·萨利看着汤米，内心说："弱肉强食。"

陌生人对杰克·萨利说："有个拿枪的家伙结束了他的生命，只是为了他口袋里的几张钞票。你的哥哥参与了我们一个重要的投资计划，我们想找你继续完成他的合同。你们有着相同的基因，所以，我们认为你可以继续他的任务。可以这么说，这将会是一个新的开始，在一个新的世界，你会改头换面，你会有所作为，报酬也很丰厚。"

杰克·萨利听着内心却想着："汤米是科学家，我不是。他是那种可以飞到数光年远的外太空去寻找真理的那种人，而我只是个笨蛋，飞向一个自己将会后悔前往的地方。"

此时，杰克·萨利接受了这个项目的安排。并按下开关看着汤米的肉体在高温中被火化。内心对自己说："一个生命结束，另一个生命开始。"

"这部分杰克·萨利和他的哥哥汤米投射的就是杰克·萨利的过去、现在和未来。杰克·萨利投射现在的自己，他的哥哥汤米投射过去的自己，参加阿凡达计划投射寻找未来的自己。陌生人说'你们有着相同的基因'，投射的是过去、现在和寻找未来的自己都会是我们自己。'这将会是一个新的开始，在一个新的世界，你会改头换面，你会有所作为，报酬也很丰厚''一个生命的结束，另一个生命开始'投射的是过去的自己离去时，未来的自己就开始了新的生命，将用新的方式生活，成就自己。至于报酬，是附带的结果。而寻找未来的自己象征的也是一种精神能量，当肉体离去后，人退役了，但寻找未来自己的精神能量却不会退役。"杨老师说。

这让我感到，这个现实的世界，其实从来都没有改变，而改变的始终是我们看世界的角度。寻找未来的自己才能获得精神能量，带来自己世界的改变。

杰克·萨利开始闭上的双眼，躺在蓝色的氧舱中，眼前有几个小如气泡一般的透明小球飘浮在空气中。

睁开双眼，杰克·萨利开始关注着眼前那个融合在一起飘浮的小气泡。

他看着氧舱内部的四周，对自己说："人在低温睡眠时不会做梦，这种感觉不像是过了六年，比较像是喝了五杯龙舌兰后打过一架的宿醉。"

这时，氧舱打开，杰克·萨利躺在氧舱中缓缓地滑出，一个工作人员飘浮在他的上方，杰克·萨利问："我们到了吗？"

"恩，我们到了，帅哥。"

"你已经在低温睡眠状态中躺了五年九个月二十三天，你会感到饥饿，也会感到虚弱。如果你觉得恶心，请使用呕吐袋，工作人员会非常感谢你的。"

杰克·萨利在氧舱飘浮着打开自己的储物门。在卫星轨道的宇宙中飞行，这时他说："前面就是潘多拉星球，从小就听说过它，但是从没想过会去那里。"

"当杰克·萨利在氧舱盯着气泡合并时，投射的是进入潜意识世界，我们只需要关注一个点，就能找到进入的入口。现实中，可以是专注的做一件事，也可以是冥想时。而工作人员说'你已经在低温睡眠状态中躺了五年九个月二十三天'，投射的是我们在没有找到未来的自己时，潜意识一直沉睡的状态。现实中，潜意识沉睡的表现就是我们盲目社交，对饮食没有节制，追逐外在物欲却内心不幸福的沉睡状态。"杨老师说。

"那么，我们探索自己，是否就是要唤醒潜意识，唤醒'真我'？"我问。

"是的，探索就是唤醒自己沉睡的潜意识。找到我们的精神能量，成为自己，让生命鲜活即'真我'。"

"可是，潜意识在哪里呢？"我说。

"电影中，潘多拉星球投射的是我们的大脑。大脑里面有显意识、潜意识和深层潜意识。要唤醒沉睡的潜意识，先要到达显意识。所以，电影杰克·萨利最先到达的潘多拉星球军事基地就是大脑显意识的投射。"杨老师说。

到了这里，探索启航，我开始有所领悟。

杰克·萨利是我的投射，他的内心独白是他的精神能量，而电影《阿凡达》和杨老师对我疑惑的解答，就是我的生命导师和内心独白的精神能量。我回看自己的故事，相信在探索自己中，会逐渐找到解开自己生命枷锁的钥匙。

从写作这个喜欢的事开始，到看见心灵作家的梦想，我并不确认这会不会是未来的自己。但是，从确认自己专属的连接通道开始，带着耐心和恒心走上确定自己梦想和建立信念的道路，我的探索已经启航。

我开启着自己满格的 WIFI，尽可能地接收，存储着所有的感受、经历和体验。

这时和我一起探索的你，也许感受、经历、体验和故事会不同，但生命里现实和梦想的痛苦和挣扎一样，迷茫和浮躁也一样拥有。所以，跟随我们一起探索自己吧，当你的精神导航一旦打开，你的探索欲望被激起时，你就会发现：

- 生活把我们推向深渊，精神就是希望；
- 人可以退役，但精神不可以退役！

你的练习

1. 参考填写，找到自己的生命系统。

探索者	生命导师	喜欢的事（专业）	专业领域（生命系统）	连接通道
周卉	杨新明	写作	身心灵	开车、看书、拍照、社群、发表平台

（说明：读者用铅笔做自我练习）

2.参考填写"我、身、心、灵",觉知从探索之前的身心灵不合一状态变成合一状态的工具。

全息心理健康
觉: 寻找通道
价值观:看见自己
情 绪:抑郁、渴望

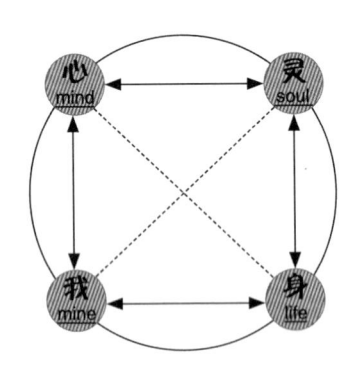

全息伦理健康
姓名:周卉
角色:探索者
关系:渴望合一

全息精神健康
念: 我是谁?
使命:我要去哪里?
信仰:灵性成长、自我实现

全息身理健康
性别特质:女性
身相:迷途的求知者
体质:作息不规律、亚健康

———— 读者用铅笔做自我练习 ————

全息心理健康
觉:＿＿＿＿＿＿
价值观:＿＿＿＿＿＿
情 绪:＿＿＿＿＿＿

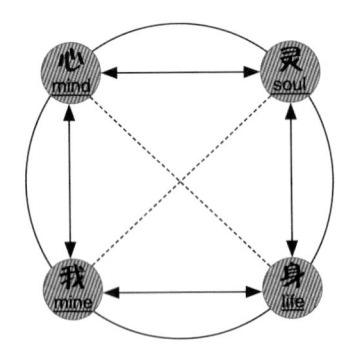

全息伦理健康
姓名:＿＿＿＿＿＿
角色:＿＿＿＿＿＿
关系:＿＿＿＿＿＿

全息精神健康
念:＿＿＿＿＿＿
使命:＿＿＿＿＿＿
信仰:＿＿＿＿＿＿

全息身理健康
性别特质:＿＿＿＿＿＿
身相:＿＿＿＿＿＿
体质:＿＿＿＿＿＿

觉知面子

摘下面子探索,看见赤裸裸的自己。

我觉得想要成为什么样的人,从来和别人无关,只和自己有关。但如果我们戴着厚厚的面具,他人不仅看不清,我们也会把自己弄丢。

《阿凡达》电影的男主角杰克·萨利将进入潘多拉军事基地,也就是我们大脑显意识的投射地。在这里,我们会透过杰克·萨利的投射,看见自己什么样的故事?我们跟着电影边看、边体验和经历吧。

杰克·萨利乘坐的"战神号"航天飞机,准备脱轨着陆。飞机穿越过大气层和迷雾。准备降落时,机舱内的负责人说:"戴上面罩!快,戴上面罩!你们记得,没有面罩,你将会在20秒后休克,10分钟内死亡。今天谁都不准死!那会让我的报告很难看。"

"松开安全带,拿好你们的东西。都给我准备好,快点,一分钟准备。"

"悬梯落下后,直接进去基地,别停下来。直接跑过去,听我的口令。"

"电影这里说'戴上面罩！'，面罩投射的就是面子。"杨老师说。

"面罩？投射面子？不是到了潘多拉军事基地，就已经进入显意识了吗？面子和显意识有什么关系呢？又和探索如何联系呢？"我问。

"开启你的想象。一个人戴着面罩，那面罩的背后是什么？"

"是我们的头！"

"头上、头里面有什么呢？"杨老师继续问。

"头上有皮肤、五官啊。头里的话，是大脑。"我说。

"从面罩到头到大脑。我们像不像在剥洋葱？一层一层，从外到内？最后到了我们的大脑？"（如图1所示）。

"是有点像。"

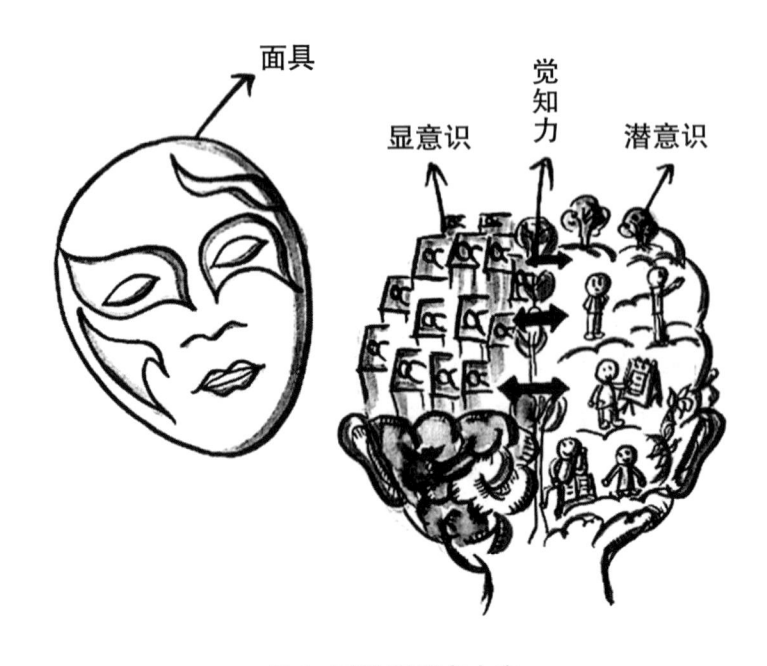

图 1　面罩/面具与大脑

"洋葱剥完后,我们再从内到外,面罩在头部最外层,它像不像一个伪装自己的壳?戴上面罩还能辨认对方是谁吗?我们会不会也有这样的伪装呢?"杨老师说。

我跟着老师的指引思考,戴上面罩,我们无法知道对方是谁。我们也会遇见伪装自己的人,所以面罩投射面子,意味着我们都是面具下的伪装者?

我好像理解了面罩投射面子,说:"戴面罩的人,应该就是要面子的人吧?"

"是的。但是,我们都看不见自己的面子。所以,我们都不知道'我是谁'。"杨老师说。

"这么说,要知道'我是谁'先得摘掉面子,而面子就是探索的第一道防线?"

"没错,看见自己的面子,放下它,我们才能走进大脑,进入显意识探索'我是谁'。"

我心想这不就和我们摘下面罩才知道对方是谁一样吗?于是,我开始回看自己生命的经历,看见自己的面子究竟从何而来。

> 父亲离世后,我的婚姻解体,我成为单亲妈妈。直系长辈里,母亲就是我的唯一。
>
> 工作上,母亲曾是"全省劳模"。生活上,她也是安排得井井有条。小到一双碗筷,大到窗户上的排气扇,除了自然老化外,看不到任何脏污的痕迹。
>
> 我十分感谢母亲给我做了一个持家的榜样,也由衷地佩服她一人照顾我的外婆和三个弟弟的能干。然而,母亲严格、挑剔、要强的性格,也对我产生了极大的影响。

"我是你妈""你这个白眼狼"就是在我对母亲要求的事情没有做到言听计从时母亲使用的习惯性言语。动手摔东西或者打我脸是言语后配套的习惯性动作。最厉害的一次,母亲一个巴掌直接打松了我的一颗牙。我倔强得第二天带着半边淤青的脸和刻意梳成发际线清晰可见的马尾去上学,向众人"骄傲"地展示我和我妈的战斗成果。

大家都把我当作一个全才,也觉得我是一个骨子里充满傲气的人。

我只把优秀的工作成果展现在母亲面前,不论是带母亲到公司参加我组织、策划和主持的活动,还是有意识地想要借由自己的成长,改变和母亲的关系,改变孩子的教育问题,甚至为改变婚姻状况去学习亲子咨询师和心理咨询师。

做事情时,如果不会我就会自己学和问。少沟通,自己和自己较劲成为我埋头做事的习惯和常态。母亲越觉得我不行,我就偏偏会暗地里去做。在没有成果之前,我从来不吐露过程中的艰辛。

我经常以退让、回避的方式让家庭看起来和谐安宁,家庭环境温馨和谐。也不断地调整自己和母亲相处的方式,只想更好地珍惜亲人之间的关系。就算试图想要和他人和谐相处,搞好关系,也只会以不拒绝的方式言听计从,对于委屈和不公平习惯自己闷着。

可当我越想在母亲面前证明自己,便越会迷失自己,甚至只会按照母亲想要的样子而活。如果母亲给予我的评判是否定的,我就会跟着否定自己。接着去努力证明母亲的评判不对!

久而久之，也就不知道自己到底要什么了。

我没有任何预兆地从一家公司总经理的岗位上"裸辞"了，却不知道该拿什么来成为我的事业，也不知道自己究竟想要做什么。看起来，自己兴趣很多，能力很大，却没有一件事能坚持做下来。一面想寻找自己，又一面不想被物质束缚，没想到母亲却产生了外债。我把全部的积蓄拿出来，暂缓了外债，过起了靠失业金的生活。

这时，认可我能力，了解我情况的朋友，也纷纷给我建议。我感恩朋友们给我的关心、建议，但各种声音却让我感到浮躁和困倦。

我不愿因为外债，就走回追逐物质的生活，但也不愿坐以待毙，消耗时间，便打算试错寻找。

我做过读书会，参加过各种社群的活动，做演讲，甚至去参加保险公司的培训。我在每一件事情里面寻找，也在每一件事情里面因寻找而更迷惑、更困顿。

直到我选择放下一切，踏上了一个独自的旅程，跟随自己的心去寻找。用11天的时间，用文字记录下自己每天的心路。在旅程结束后，在一个平台上发表了一篇文章，将自己在旅程中的感悟一一呈现后，那从未有过的浏览和评论让我从文字中收获了无限的能量和力量。

我开始改名字，然后从微信到公众号到所有社交账号，把周卉变成童嘉卉。开始看见自己的探索旅程，并全程记录。

这一路上我都在寻找自己，因为我不知道自己活着究竟是父母生命的延续？是优秀母亲的希望？还是应该是我自己？

回忆完自己的经历，我对杨老师说："杨老师，我似乎总是想要向母亲证明自己。但是越证明就越辛苦，也越不知道自己要什么。这是不是就是我的面子呢？"

"你是谁？"杨老师再次发问。

"我是周卉啊。现在改了一个名字叫童嘉卉。这是我的笔名。"我说。

"你为什么要改名字？还把姓都改了！"

"我互联网的朋友说，做个人品牌名字很重要，它是别人认识你的标签，也是被互联网快速搜索出来的关键。网络上很少用真名，所以开始写作后就改了名字。现在，在百度搜索'童嘉卉'就能看到我的文章。"说起改名字，我还是感到挺自豪的。

"如果名字只是别人认识你的标签。那你用真名就好了，为什么要改呢？用哪个不一样吗？"杨老师的反问，听起来有点道理。

"你的探索记录，只能用周卉这个名字。"杨老师跟着说。

话音刚落，我感到尴尬又纠结。

我想到自己用"童嘉卉"在各平台运营更新了三个多月文字的时间，一旦改名，岂不是白费了？重点是我可是费了好一番功夫才想到这个名字的，并且改后我的状态发生了巨变。

杨老师似乎也觉察到了我的心思说："你应该还不知道，名字对每个人的意义，尤其是姓氏。这世上有多少叫'周卉'的人，你知道吗？如果我指名道姓地骂'周卉'你会有什么感觉？"

"同名同姓的人应该挺多。"我说。"但指名道姓地骂，要您是指着我，我会很生气，但要是有很多同名同姓的一起，我就会想骂得可能是别人吧，不一定是我。"

"名字就像我们把自己叫人一样，都是自己给自己命的名。但姓氏不一样，它是家族沿袭，带有家族的能量。所以，名字可能还不如身份证号码值钱。"杨老师说。

的确身份证还能取钱，可名字的价值，估计也就是我们常说的我是那个谁谁谁的朋友。但谁也不在意谁谁谁是谁，而是更在意你是谁吧。

"您的意思是说，没有名字，我也还是我。名字只是一个代号，姓氏比较重要？"我说。

"是的。名字的价值取决于你是谁，姓氏的价值说明了你从哪里来。探索'我是谁'，我们就先从'我'开始吧。"杨老师说。

"'我是谁'的'我'有三个元素。第一个也是唯一一个和姓名有关系的元素就是姓，姓名的姓。"杨老师说。"姓是家族能量的传递。行不更名坐不改姓就是在遵循这个规律。企业的姓名就是创始人灵魂塑造的品牌信仰。企业遵循品牌信仰一直延续，接班人就是在延续这个品牌的使命和生命。你可以在网上查询一下周姓的姓氏起源。"

我真的上网搜索和查询周姓图腾的来源解释，不知为何，在查询的时候内心就生出了对自己姓氏的敬畏、自豪和对于自己家族的使命感。

"姓氏代表使命和能量，延续祖辈们的寄托。姓名就是你从生到死所有喊过你名字的人所共同浇筑的生命能量。任何人的改名或者网络头像不用自己的照片和真名，看起来是种流行，真相是在用面子保护自己，同时会有对生命能量的对抗和稀释，令我们无法传承所有祖宗的能量和基因。用心理学来解释，我们所产生行为上的改变，都是因为生命里发生了无法面对或者遭遇不被理解时，产生的淤堵情绪。时间长了，人的心理会抑郁，身体会有亚健康甚至产生疾病。但问题的本质在于潜意识与父母能量的对抗和不接受，要通过外在途径获得肯定。所以，你改名字是在对抗谁？"杨老师说。

我思考了许久，说："应该也是父母吧？尤其是母亲。我从小就和母亲像对头一样。也因为母亲的强悍，所以我不能接受自己的失败和不完美，总想呈现自己的全能。"

"你现在知道向母亲证明自己是不是面子了吗？看见了自己的对

抗，就是你自我疗愈的重要开始。你的面子也会一点点的被揭下。并从姓氏中找回能量。"杨老师说。

我恍然大悟。改名字的背后，我居然藏着自己这么深的面子观。

探索时，我也同时在整理家中的老物件。我从一封封信件到询问长辈们给我说的一段段家族故事。所有我看到和听到的，都在刷新我对自己姓氏和家族文化的了解，也无形间在为自己添加力量。

父亲在世时，很少和我提及家中的故事，父亲离开后，我成了同辈中唯一的周姓人，通过重新对自己姓氏和家族寻根的探索才发现自己的精神能量一直都在，却被那种要证明自己，并且深深的自责、内疚和觉得失败中迷茫。

姓氏、家族故事给我的能量，让我为自己的家族而自豪。但它并不是一种炫耀，而是融进血脉里的自信和底气。

此时，我对探索提起了兴致。我说："杨老师，姓氏使我有勇气面对过去。但我更想找到和母亲对抗能量的关键，真正放下自己的面子！"

"我们继续从'我'的第二个元素角色来了解吧。"杨老师说。"出生后我们就开始扮演子女、学生、丈夫、妻子、职场人士等不同的角色。这时，每个角色会对应一个位置。你想想你现有什么角色？"

"现在，我是女儿，是母亲。过去在职场里，我的角色是公司总经理。曾经在婚姻中我是妻子。家族里，长辈面前我是侄女，平辈面前我是姐姐或者妹妹，小辈面前我是姑姑或者姨妈。而在前夫家族中，我会跟随他的排位有对应的角色，同时还会是媳妇。"我把自己现在过去、未来能想到的角色都进行了罗列。

"角色对应的位置，既是我们的责任，更是我们需要完成的使命。这意味着，角色越多，责任和使命就越多。如果我们对某个角色或多个角色的扮演感到力所不能及时，就会感到负担沉重。比如承诺买房子，如果没做到，我们会心有内疚。这种内疚感，再加上家人、朋友等外界眼光,内疚感越大,就会越要面子。"杨老师说。

我想到那些穿梭在各种角色中的演员,对她们感到佩服。扮演角色,演员的使命和责任是对观众,而我们是对自己的生命。角色越多,我们会无暇顾及每个角色扮演的演技。角色越多,我们要承担的责任和使命也越大,稍有不注意,就会把角色演砸,最后不知道自己是谁。

"我们每个人都是一个独立的能量体。当我们增加了多重角色,扮演不过来时,负面情绪就会减少我们的能量。感到疲惫,没有精神是外在表现。而内心会开始询问自己,这么拼命是为了什么。时间长了,面子长在身上,我们的身体、心理就都会出现问题。这就是'我'的第二个元素角色。"杨老师说。

我感觉角色似乎会令面子生成厚厚的保护壳。一个角色就是一个面子,多个角色就是多个面子。每个角色都想做好,面子一定很强大。难怪,大家都在说,想要人生简单点,就得不要面子。

"明白了角色,与我和母亲对抗能量有什么关系吗?"虽然角色和面子我明白了,但却还没找到解决和母亲对抗能量的方法。

"这还和'我'的第三个元素关系有关。角色对应的位置,决定了我们的关系。角色混乱,就会出现伦理关系混乱。把角色和关系放在一起,你再看看你和你母亲对抗能量的问题,是不是自己能找到答案?"杨老师说。

于是,我开始重新审视我的角色和关系。我和多数人一样,因为有小孩,母亲和我一起居住,在照顾孩子的同时照顾我和丈夫的生活。这时候,母亲在代替我扮演母亲角色,家中两个人都围着孩子转。丈夫就成了独立的个体,除了接受母亲顺便的照顾外,只扮演名义上的丈夫和父亲角色。

这时,我和母亲的母女关系成了家庭中的第一位关系,我和孩子的亲子关系成为家庭的第二位关系,我和丈夫的夫妻关系成为了家庭中的第三位关系。但正常应该是，我和丈夫是家庭的第一位关系——夫妻关系。孩子出生后，我们扮演父亲和母亲的角色，承担抚养和教育孩子的责任和义务，培养家庭的第二位关系——亲子关系。在我和丈夫的家庭中，我和母亲的母女亲子关系应在第三位。

我发现，角色的位置错了，伦理关系的顺序就错了。母亲在扮演我的母亲角色外可能还扮演了丈夫的角色，孩子的父亲和母亲在家庭角色上都在缺位。所有人的角色和位置都错乱了，关系自然就会出现问题。当家庭关系混乱时，经济上也会受到影响。

"家庭里面的角色和关系不能混乱，男人做男人的事，女人做女人的事。'天行健，君子以自强不息；地势坤，君子以厚德载物'，前面这句话是男人的角色，后面这句话则是女人的角色。男人一生都在修创造的能量，女人一生都在修孕育的能量。男人是天，女人是地，天和地之间的连接，雷鸣闪电，狂风暴雨时，既是能量的连接，又是情感的交流。女人的身体结构有孕育的功能，可以孕育生命和滋养生命，就如同大地是母亲，河流也是母亲河，孕育、滋养万物生命一样。老师在两性智慧课堂上就常说：'男人坐稳金刚台，女人不离莲花座'。就是要强调角色、位置和关系的重要性。所以，你多年的角色关系混乱，带给了你婚姻、家庭、生活、事业上一系列的混乱。你想要在这种混乱的伦理关系中崛起，很具有挑战性！如果不摆正角色，未来你的孩子也会受影响！"杨老师说。

我终于找到了我和母亲对抗能量的关键——角色混乱造成的关系错乱。从改名字开始，我在逃避和母亲对抗能量的问题，丢掉了自己姓氏的能量传承。接着想要向母亲证明自己，努力在职场中扮演全能人的角色，带上了厚厚的面子。我扮演了一切社会的角色，却唯独没有扮演母亲和妻子的角色，家里的所有角色都是混乱的，关系也是混乱的。我记得冲突四起的时候，回家就是让我感到心烦的事情，宁可加班也不愿回家。

"可是,杨老师,角色位置摆正了,所有关系问题就都可以解决吗?女性和男性都在外打拼,但女性回家还要承担家中的大小事务包括孩子教育,稍有因为工作忽略家庭,就变成了不负责任的妻子或者母亲。反之,男性对于家庭的责任是只要有好的经济条件,稍微付出一点就能称上好男人了。我觉得这对女性有些不公平。"我说。

这是我"裸辞"之后最矛盾的点。单亲妈妈"裸辞"回家做全职,谁养我?就算正常家庭,大家都在打拼,也都想把孩子照顾好,但偏偏都是女人的责任。我感觉总是女人要思考工作和家庭的平衡问题。这明显对女人就不公平啊。

"这是社会表面现象,探索我们要上升到本质看真相。"杨老师说。

在男女平等文化学习和职业都不再受约束的时代,同样做一件事情,女人成功概率要高过男人,因为她们拥有想象力和创造性。但现在,很多女人的创造性不仅用于事业,还会用于对男性逻辑思维的打压。这时,创造性会变成破坏力。破坏力一旦出现,身体和社会的平衡就会被打乱。"杨老师说。

老师的这番话,让我感觉像社会偏见。现在无论创业还是消费,都在认同女性的贡献。我们不是应该把它发挥到极致吗?这样社会和世界的能量和财富将会被无限创造,为何要约束呢?我心中带着疑问,继续听。

"回到'男人坐稳金刚台,女人不离莲花座'来说。前句意味着男人要承担创造生产资料,保护和养育家里老人、女人和孩子的责任。后句意味着女人要承担孕育和和谐家庭关系的责任。自然讲究阴阳的平衡,人是自然的产物,因此,男女也要遵循。否则,自然失衡会发生天灾人祸。男女阴阳关系失衡,身体会出问题,婚姻会不和谐,家宅会不宁,甚至家破人亡。因为,平衡是宇宙的最高智慧。"杨老师说。

这时，我感觉平衡对于女人，并不是不干事业而应当是先做好女人家庭扮演的角色和位置，处理好家庭的关系。这样才会因为拥有良好的生活，而延伸到事业和社会关系上。但是，我们通常都活反了，我们都先做好了社会角色而忽略了家庭本质的角色。

男女从生理到大脑的结构本就不同，当老师带领我把问题回归到真相上思考时，我才不会被表象迷惑。

"杨老师，我发现我需要把名字改回来，然后先做回自己应该做的角色，探索自己，做好母亲，不为了给母亲看，这第一层面子才能逐渐放下。"我说。

"恭喜你，看见了自己的面子所在。但是，'我是谁'中'我'的三个元素：姓、角色、关系，还只是'小我'的层面，它是'我'的第一个维度。最终看见自己，我们要到达'我'的第四个维度'真我'的层面，也就是'灵'的层面。这时，你的'真我'和'小我'合一，你才能成为你自己。这时，你不仅会放下面子，还会拥有觉知的能力。我们继续跟着电影往下走吧？"杨老师说完，继续带着我进入电影开始探索。

飞机着陆了，舱门打开。

"快，动作快一点！快出去！继续向前！快走，不要停下来！"

所有人排着队依次出舱，小跑前进。杰克·萨利打开自己的轮椅，从座位上挪到轮椅上。

"没有所谓的前海军陆战队员，人可以退役，但精神不会退役。我对自己说，没有什么困难是不可以战胜的，如果有钱，医生就能让你康复，但是只靠抚恤金，根本不可能做到。"

杰克·萨利背起背包，用手控制着轮椅往外走。

"快点，特殊人物，别让我等你！"杰克·萨利走出机舱，看着四周。

"在地球上，这些人都是军人，陆战队员，为自由而战。"一个庞大的机甲从杰克·萨利身边走去，说上一句："慢点走，轮椅男。"

杰克·萨利并没有理会，只是自顾自地往前走着，"在这里他们只是雇佣兵，拿钱去私人企业办事。"

远处看见杰克·萨利的士兵说："瞧那个，来吃闲饭的。""不会吧，这也太扯了。"

走着走着，一架大型的装载机，轮子上被射了几支弓箭，却依然不影响它的行驶，从杰克·萨利面前缓慢行驶过。

"电影这里，'杰克·萨利'遭受了各种嘲笑。投射的是社会现象下我们喜欢用外在来判定一个人。这种外在判定，也是面子观。但电影里，杰克·萨利并没有理会旁边人的话，投射的是我们不要太在意他人的看法。你讲你的，我做我的，不在意他人的评判，我们就能放下面子，不被他人影响，专注做自己的事情，成就自己的梦想。"杨老师说。

我想起了母亲的要强，让我无时无刻都想努力证明给她看，对母亲看法十分在意的时候。

其实，不止我，中国很多家庭都这样。父母希望儿女成龙成凤是天经地义的事情，儿女想走自己的路却是不孝之举。这让我们都成为父母期待的人，也成为为父母而活的人。

父母告诉我们应该学的是我们要学的，应该做的是我们要做的，不管喜不喜欢，都是应该。最终，父母的肯定和赞扬是我们的追求，社会上他人的认可是我们活着的价值。至于我们真正喜欢的事，都是不对的。

我们得不到认可，还会被亲人施压，然后自我怀疑和迷茫。越是长大，我们会越不知道该不该信任父母，但是习惯了怀疑自己选择的人生，想想干脆照父母铺的路走到底吧。实在受不了的，有人会选择放弃自己的生命，也有人会为自己选择的路视死如归。

"我们就不能不在意他人的看法做自己吗？"我好像在为自己呐喊，因为心里知道自己现在还做不到。

"当然可以，那我们就要懂得社会法和生命法不同。我们接着跟随电影来了解吧。"杨老师说。

"你们已经不在堪萨斯了，这里是潘多拉星球。女士们、先生们，你们要时时刻刻记住这一点，如果世界上真的有地狱，在经历过潘多拉后你可能会想去地狱休假，在那道护栏后面，任何活的东西，不论是天上飞的，还是地上爬的，土里钻的，都想把你生吞活剥吃了。这里有一个原生的种族，我们称其为'纳美人'，他们喜欢在弓箭上涂抹一种神经毒素，那玩意可以让你的心跳在一分钟内停止，他们有着天生的强化碳纤维骨骼，非常难杀死。作为安全主管，我的职责就是保障你们每一个人都活着，但是这是不可能的，至少不能成功保住每一个人，如果你们想活命，就一定要有钢铁般的意志，你们必须遵守规则，潘多拉的规则。第一条规则是……"

杰克·萨利来到如同会议室一样的地方，听着一个脸上带着刀疤的人给所有的士兵训话。这个训话的人就是库里奇。

"什么都比不上这种老掉牙的训话能令人安心。"杰克·萨利说。

"这里杰克·萨利说'什么都比不上这种老掉牙的训话能令人开心'投射的是人们习惯遵守社会规则后在社会法下感到安全的表现。杰克·萨利是一名退役军人，军人在战场前都会进行思想统一。这种思想就是社会法思想，是一种价值观，没有对错。而生命法是一种自然规律，更依循生命自然的宇宙法则，遵循内心需要。如何在社会法和生命法中选择，才是我们能否做自己的关键。"杨老师说。

"说一个老师自己的经历吧。曾经有人因为我没有什么响亮的头衔而对我产生质疑，但真金不怕火炼，并不影响老师在全国给企业家上课，做企业的顾问。因为老师觉得生命是我自己的，智慧是我自己的，我的人生我要自己走。只有自己帮自己，老师短暂的生命才会在这个宇宙留下印记，代表我杨新明来过这个宇宙！很多人太在意他人如何看'我'。其实，他人认可不认可没关系，我自己认可就行！"杨老师说。

杨老师的话透过空气共振进入我的耳朵里，直击耳膜。一股巨大力量在加速我心脏的跳动。

"以读书为例，社会法的路径是完成学业一路到最高学府。生命法的路径是遵循热爱，学时守规则，不学时不践踏规则，但想学时依然可以学。扎克伯格和比尔·盖茨就是这样。他们都是中途辍学，但却是事业成功的代表。读书的最终目的是完成进入社会的准备，如果有人提前准备好了，找到了热爱的事业，拥有了目标，他们只是提前进入了社会。如果因为他们没有遵循社会法走完设定的路径，就批判他们，等同于读书是进入社会唯一的社会法，这是社会法被曲解，也是我们忽略了生命法的表现。生活里，这种被曲解和被忽略的现象是不是很普遍？"杨老师说。

我感觉杨老师说的就是我。

2005年我大专毕业，专业是外贸英语。从高中到大学上的都是新学校。作为第一届学生，我轻易地就脱颖而出成为学生会干部，用创造力在任何新局面里按照自己的方式施展才能。但是毕业后，在北京、上海找工作，却发现人家看到学历后就只是说看过考核情况再说。

一个刚从学校毕业的学生，除了书本上学来的知识外，哪有什么能力？但社会却让我知道，只有具备含金量的证书才是打开好单位大门的金钥匙，否则我连门都进不去！

面对现实，我如期走完了读书之路后，2016年又开始在职业外充电，去学了自己梦寐以求的心理学，考取了二级心理咨询师。

但是，我没有把它变成职业，因为对没有保障的未来感到不确定。同时还有大家口中常说的心理学职业的门槛和积累问题，总感觉到了年纪，转行很难，即便是喜欢也只能作为业余爱好充实一下自己。

"杨老师，我觉得自己好不容易学了喜欢的专业却因为不能糊口，干不了自己喜欢的事情，多少还是会让自己纠结和彷徨。这是不是就是我被社会法束缚而忘记生命法的表现？"我说。

"必须按照既定模式走，就是被社会法束缚忽略生命法的表现。但我们要知道，生命是独一无二的，在一个模式下复制会发生什么现象？何况，全世界那么多的大学和证书，人人挤破头都去上，人手一本证书，我们的人生价值是统一的吗？"杨老师说。

这让我再次想起了《男孩丹尼》微电影中丹尼把自己的头砍掉的故事。

"杨老师在上课时会问学生：'你们觉得杨老师的学历是什么？'此时很多人就会说，博士、研究生，最差也说了本科。而当杨老师说自己高中还没有毕业时。全场所有的人都感到震惊。"

别说他们，当我听到这个时，我也震惊了。

"好多人在一生当中，就想得到一个权威组织机构颁发的证书，拿到证书就认为自己人生价值实现了。还有人到国外去做访问学者，考个证，回来就把自己包装得'高大上'！世界上每个人都想要获得认可，但只有学历证书才是认可吗？如果没有它们，我们的人生使命就不要了吗？我们就不要为梦想、事业而奋斗了吗？"杨老师言之凿凿地说道。

自从互联网兴起个人品牌后，各种证书眼花缭乱，我们常说学历和证书是我们最好的"敲门砖"，但如果没有真才实学的内涵，只想炫耀，它就失去了原来的价值意义。看起来拥有许多角色和身份，但最终我们会成为标签不清晰的人。更不用说，那些为了学历和证书而作假证、假论文的人。

"可是，梦想这条路太艰辛了，很容易就会掉入社会法的习惯中走偏啊。"我想着自己来来回回在梦想和现实间挣扎的样子，感叹地说道。

"走弯路，背离梦想，被现实捆绑，这些老师都经历过！最终发现，只有坚持下来了，自己的价值才能最大化，使自己变得不平庸。老师最早在老家创立了成功的广告公司。当我想要开创更大事业，独闯上海滩时，却发现上海的市场基本饱和了，我毫无立身之地。这时，事业和婚姻一起走入低谷，老师也进入迷茫和低谷期。接着，老师也走入了身心灵领域，从书籍到课程到和大师、智者结缘，老师在婚姻、人和事业方面，人性和价值观、家庭生活、工作事业关系方面的思考，也经历了和你现在一样的困惑过程。老师闭关一个月就思考一个问题，自己最擅长且想做的是什么？出关后，老师最终选择了做自己一直最喜欢的事——商业信仰、MLMS生命觉学研究和企业铸魂教育落地辅导。当老师开始做自己最喜欢的事情时，帮助企业解决战略模糊不清的困惑，帮助解决创业者迷茫、焦虑，身心健康的问题，接着才开始在自己的领域有所成就，不断有企业邀请老师成为企业的战略顾问，或参加课程，或慕名前来咨询。这一切，都源自当初专注的执着。因此，老师认为：'我们每个人的价值，都来源于专注执行自己的梦想。专注执着于梦想，我们一定会变得不平庸！"杨老师说。

我心里不停地回想"我们每个人的价值，都来源于专注的执行自己的梦想。"这句话。也让我明白了，我是父母生命的延续，是优秀母亲的希望，但我更应该是我自己！而专注、执着地执行我的梦想，才是我实现自我价值，成为自己的唯一途径！

"看来，生命法是一切的真相，社会法只是真相下应选择遵循的规则。完全依循社会法，我们就开始戴起面具，在意他人的看法，在意学历证书，丢掉了的生命，无法走向'真我'。"我说。

"想要证明自己、在意他人的看法、在意学历证书这些都是面子的表现，其实还有我们和朋友聊天时总是关注收入、房子、车子……我们和朋友见面时被朋友情分、老乡情意所束缚，在意的外在一切都是面子的体现。执着于其中，就会阻碍生命的自然，容易纠结、焦虑、抑郁！摘下面子探索，看见赤裸裸的自己，你的生命才会变得鲜活！"杨老师说。

我想起之前说的剥洋葱。从面具到大脑，面具越多，洋葱皮就越厚，剥到最里层的过程越久，剥洋葱就会越剥越想流泪越艰辛。这意味着，坚持梦想，放下面子，越向大脑内探索也会越艰辛。

我对杨老师说："杨老师，投射面子的面具摘下了，按照剥洋葱来说，我们是不是能看见大脑了？"

"当然，所以电影也要继续了。"说完，我们继续投入电影中。

"抱歉，杰克·萨利！你是杰克·萨利，对吗？汤米的双胞胎弟弟？"

一个人从杰克·萨利的身后跑过来，杰克·萨利有些讶异，他并不认识这个人。

"哇！你长得跟他一模一样。抱歉，我是诺姆·斯贝尔曼，我曾和他一起接受'阿凡达'计划的训练。这是生物实验室，我们将会在这里很久的。嗨！你好，我是诺姆，阿凡达驾驶员。这里是连接舱，我们会在这里连接上阿凡达。"

诺姆带着杰克·萨利一边走着一边说，他们来到生物试验室，杰克·萨利四处打探着，对于他来说一切都是未知。

"我和诺姆会在这里，远程控制这些叫'阿凡达'的生命体，这是一种用人类基因结合纳美人基因培育出来的生命体。"

工作人员对他们表示欢迎，他们一起走到正在成熟中的阿凡达箱体面前。杰克·萨利感到阿凡达很大，诺姆告诉杰克·萨利到他们飞行的时候，阿凡达就已经完全成熟了。正在检测本体的预测期，同时阿凡达的肌肉也相当的发达，工作人员还需要花几个小时完成测试，预计明天就可以操控。

杰克·萨利走到汤米的阿凡达面前看着他，觉得他和汤米长得很像，诺姆说他长得也很像杰克·萨利。

杨老师按下暂停键说："电影这里提到连接阿凡达的'连接舱'投射的就是我们进入大脑后，从显意识到潜意识的连接通道。'阿凡达'投射的就是潜意识里杰克·萨利'真我'的实体。而另一个和杰克·萨利一起拥有阿凡达'真我'实体的人物角色诺姆·斯贝尔曼，投射的是平庸者，意味着每个人都有'真我'实体，但是最终能够拥有成功的是坚持到最后不放弃的人。"

电影继续推进。

"这个计划的概念是，每位驾驶员都能连接自己专属的阿凡达，他们的神经系统就能协调一致，这就是他们找我的原因，因为我能连接汤米的阿凡达，阿凡达的造价惊人。"

杰克·萨利对着摄像镜头说话，询问着工作人员，是否按照这样把所有的事情全部录下来就对了。工作人员告诉杰克·萨利需要习惯记录所有的事情，所有看到的、感觉到的，这些都是科学研究的一部分，详细观察对科学研究很有帮助，并且可以让自己在今后的六年中避免精神错乱。显然这种方式让杰克·萨利有些不太适应，但是他也只好照做。

"那么，我在这里搞起了科学研究。"杰克·萨利继续说完。此时，语音播报驾驶员要回来了，一个女性从一个舱体中起身，穿上她的工作服，吸了一口烟。一个工作人员带着杰克·萨利和诺姆正走过来，并向他们介绍。

"格蕾丝·奥古斯丁是个传奇人物，她是阿凡达计划的带头人，她写了本书，我是说那本有关潘多拉植物学的著作，那是因为她喜欢植物远胜过人类，这位就是了，灰姑娘参加完舞会回来了。格蕾丝，我来给你介绍一下诺姆·斯贝尔曼和杰克·萨利。"

格蕾丝深吸一口烟，转向正走过来的杰克·萨利和诺姆，问到："诺姆，听说你很优秀，你的纳美语学得怎么样了？"诺姆说了一句纳美语给格蕾丝听，并和格蕾丝对话了几句。让一旁听不懂的杰克·萨利有点尴尬。这时工作人员向格蕾丝再次介绍杰克·萨利。格蕾丝说："我知道你是谁，我要的是你哥哥，不是你，知道吗？那位已经为这个项目培训了整整三年的博士。"

"他已经死了，我知道这给所有人带来了巨大的麻烦。"

"你参加过多少培训？""我解剖过一只青蛙。""看吧？看吧！他们现在摆明就是要整我们，都懒得遮掩，我要去找帕克。"

"不，格蕾丝。""这简直是在胡闹！我要去给他一点颜色看看，他休想在我的部门搞鬼。"

"明天上午8点来这儿，注意一下你的用词。"

场面很尴尬，格蕾丝有些愤怒，而工作人员也不知所措，就这样所有人都离开了生物实验室。

"格蕾丝是阿凡达计划的带头人，她到潘多拉星球和纳美人打交道是为了了解、探索和研究。所以格蕾丝投射的是求知者，是人类对大脑潜意识的探索和研究。"杨老师说完，我们继续进入电影。

一个穿着西装的男人正在悠闲地打着高尔夫，一杆进洞让他感到十分兴奋。

格蕾丝来了，找的正是他。

"帕克，我原本以为你只是一时疏忽，但是我明白了，你根本就是在故意整我。"

"格蕾丝，你知道，我很爱跟你聊天。"

"我需要的是科学家，不是退役的陆战队员。"格蕾丝一脚踢开当作球洞的杯子。

"是吗？我倒觉得我们能找到他算很幸运。"

"幸运？找到他有什么可幸运的？"

"幸亏你的科学家有双胞胎弟弟，更庆幸的是他不是什么牙科医师之类的，而且还是一位很有用处的陆战队员，我已经指派他为你的小组做护卫。"

"我现在最不需要的就是多一个喜欢扣扳机的白痴在我这里。"

"听着，你的任务就是要赢得那些纳美人的喜爱和他们的信任，这难道不是你那可笑的玩偶剧存在的唯一原因吗？你装扮得像他们，讲话也像他们，那他们也应该开始信任我们，我们为他们建学校，教他们英语，可是这么多年过去了，我们之间的关系日益恶化。"

"这就是因为你用机关枪对着他们的结果。"

"好，跟我来。"

帕克走到自己的办公桌上，拿起悬浮在桌面上的一块石头，对格蕾丝说："这是我们来这里的原因，超导矿石，这颗小小的灰色石头，每公斤价值 2000 万美元，这就是唯一的原因。就是靠这个东西养活我们这里所有的人，就是靠它来支撑你的科学研究，支付你的科研。现在那群纳美人，正在妨碍我们的采矿作业，我们正处于随时会开战的时刻，而你的任务就是帮我们找一个外交途径的解决办法，所以，你就尽你所能，给我拿出个成果来吧。"

"电影这里的人物角色帕克，它拿起悬浮在桌上的超导矿石，并向格蕾丝强调获取它才是阿凡达计划的意义，因此，在潘多拉星球无论是投资建设学校、修路、做教育乃至不择手段地发动战争，都是为掠夺财富而产生的贪婪行为。帕克投射的就是物欲者，是大脑显意识的表现。格蕾丝和帕克都是我们探索的助力者。"杨老师说。

"杨老师，电影人物都在潘多拉星球的军事基地，是不是投射探索到达大脑显意识了？"我说。

"是的，《阿凡达》接下来的故事都发生在潘多拉星球，投射的是看见自己都是在大脑里完成的。"杨老师说。

看来，走进显意识是探索开始的关键。但我又有了新的疑惑。

"那我们解剖大脑不就好了吗？为什么还要用电影投射，要学心理学？包括所有学习身心灵的人都会提到修心，这个心和大脑有什么关系吗？"我说。

"你觉得我们的心在哪？"杨老师说。

"心？心不就在这里嘛！"我指了指自己的心脏。

"你指的心是我们身体的器官'心脏'，它并不是真正的心。你用笔画一个心，看看它长什么样？"说完，我拿着笔在纸上画了一个桃心的样子给老师看。

"很好，你再来看看这张图（如图2所示）！它和你画的心有没有相似处？"杨老师说。

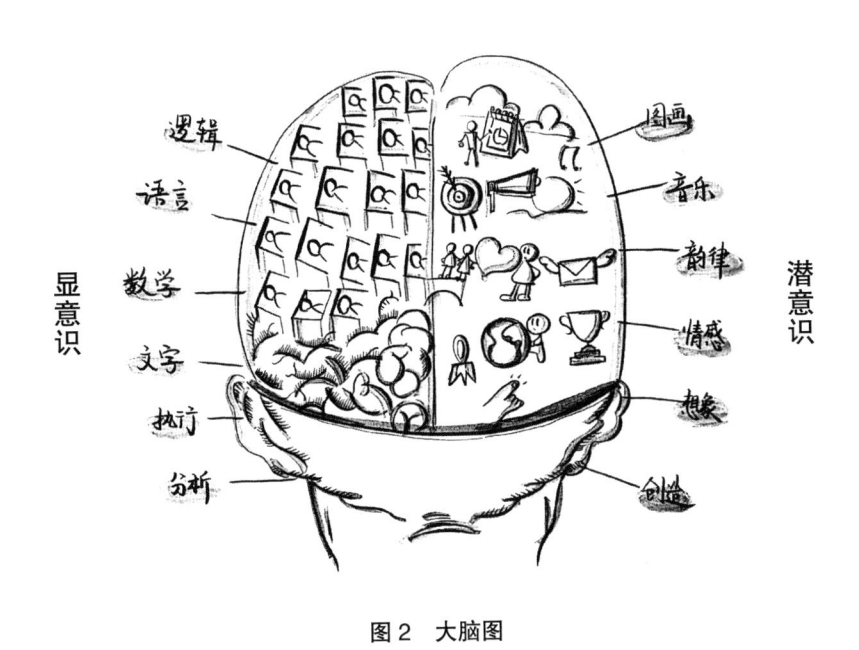

图2 大脑图

我仔细观察这个大脑图的轮廓，再看看自己画的桃心。当我试图用笔在上面比画时，好像有了答案。

"我发现，这个大脑图的轮廓和我画的桃心很像！"我回答道。

"那你觉得心在哪里呢？"

第一次匆忙的回答，让我感到很丢脸。这次我决定思考好了再回答。我再三比对，又再三思考。大脑的轮廓像心，那心在……

"心在大脑里。"我坚定地说。

杨老师抽了一口烟斗，笑了笑说："对了，心在大脑里啊！你继续观察，看看大脑的左右部分。"

我一边观察一边对杨老师说："大脑的左边是整齐有序的排列，人们都在一个个的隔间里工作；大脑的右边有人在草地上运动，有人在恋爱，有人在做瑜伽，有人在游玩。左边给我感觉紧凑、紧张却具有条理，右边给我感觉轻松惬意且自由随性。"

"你观察到的就是大脑左右脑的特点。左脑的整齐划一和有序，是逻辑思维下条理分明的文字、语言或行动。所以，左脑存储的多是知识、经验、逻辑、数据、推理等，它是我们理性的来源，也是显意识和'小我'。电影中潘多拉星球的军事基地是它的投射。右脑放松和自由愉悦随意的场景，是丰富多彩的想象力、梦想、艺术、音乐、爱情的感性来源。它是潜意识和'真我'。它拥有创造性。电影中潘多拉纳星球的纳美家园是它的投射。"杨老师说。

原来心就是大脑，修心就是构建对大脑的认知，弄懂电影的投射，最终找到"真我"，到达"灵"的层面。于是，我把之前杨老师提到的电影投射以及大脑还有"小我"和"真我"一并进行了理解。

"小我"在左脑，是显意识。电影用潘多拉星球的军事基地进行投射。那么所有人的活动都从这里出发，投射的是现实中95%的人都活在显意识层面，遵循社会法，忽略生命法，用理性的逻辑左右自己的生命，智商高超却情商不足。

"真我"在右脑，是潜意识。电影是用潘多拉星球的纳美家园进行投射。电影里只有能够连接阿凡达的少数人拥有进入与纳美人交流探索的资格，投射的是现实中仅有5%的人，比如艺术家等有成就的人能够进入潜意识，活在社会法下，遵循生命法，拥有"真我"的灵性且与"小我"合一，是理性与感性的共同体，具备情商和智商。

所以，按照人类的占比，95%的多数人活在显意识中，5%的人活在潜意识中。但是，从人的潜在能量上，95%在潜意识，5%在显意识。

"杨老师，那么帕克在和格蕾丝对话时，悬浮在空中的超导矿石投射的是什么呢？"我开始想要弄明白电影中每个物体的投射意义。

"现实中有什么可以悬浮在空中？"杨老师说。

"没有什么东西可以悬浮在空中啊，除了……想象！"我说。

"想象是不是一种创造呢？它在大脑哪里呢？"

"想象的确是一种创造，它在右脑。也就是悬浮的超导矿石在潜意识里？"

"是的。超导矿石投射的就是潜能，是人类唯一的宝藏。它在电影中体现得十分珍贵和值钱，显示出了我们潜意识的巨大价值。"杨老师说。

开始进入显意识，我的探索走得很缓慢。时不时停下来对照电影的投射与自己和现实连接，这就是我走向"真我"的修心过程。如果你有些耐不下心了，那就停一停，一个片段一个片段地去经历和体验。如果你还能继续，那我们就继续前进吧。

此时，杰克·萨利和诺姆的阿凡达身体已经躺在了另一端的连接舱中。

格蕾丝回到生物实验室，她问诺姆有多长的驾驶经验，诺姆说有520个小时。接着把诺姆指引向他的连接舱，然后问杰克·萨利有多长时间的驾驶经验，杰克·萨利说零，但是他有读过说明书。

格蕾丝感到杰克·萨利在开玩笑，但是杰克·萨利却丝毫不因此而感到有任何问题，随即自己用双手撑着坐上连接舱，然后将双腿挪入仓内。格蕾丝对于没参加过训练也没有进行过任何学习，更没有连接经验的杰克·萨利感到有些怀疑，而杰克·萨利也只是笑笑说："也许我只是讨厌别人一直告诉我什么不能做。"格蕾丝看了杰克·萨利一眼，告诉杰克·萨利大脑放空，放轻松就好。

杰克·萨利开始与阿凡达进行连接。工作人员说，杰克·萨利的大脑非常活跃是他们没有想到的，杰克·萨利的连接非常稳定，不一会儿一束光的穿越，杰克·萨利的阿凡达开始睁开朦胧的双眼。

这里，杨老师暂停了电影说："当工作人员说：'杰克·萨利的大脑非常活跃是他们没有想到的'投射的是杰克·萨利的探索意识非常强烈。而一束光的穿越，投射的就是把杰克·萨利从显意识（左脑）被带入潜意识（右脑）。"

我想起要和杨老师一起探索时的兴奋和热切，再想到结合电影投射回顾自己故事的过程。如果没有这种强烈的探索意识，恐怕坚持会是一种煎熬。

所以，为了配合我的探索节奏，杨老师对电影的每个片段讲解得很缓慢。电影也是多次暂停。直到确认我能理解才继续向前。

杰克·萨利在潜意识里开始感受到周围对他的呼唤，慢慢苏醒过来，眨一眨双眼，工作人员测试了一下他的听力，杰克·萨利可以和工作人员打招呼了。他们欢迎杰克·萨利进入他的新身体。

杰克·萨利看看自己新身体的双手，坐起来开始活动自己的脚趾，他挪动双脚坐到床一侧，此时他顾不上工作人员在一旁对他各项反应和功能的测试确认，尝试着自己站起来。在适应新的身体时，杰克·萨利只感觉到双脚可以行走时的兴奋，完全不理会身边的工作人员，大家以为他还没适应新的身体，要他镇定，并且准备给他打镇静剂。

但是，杰克·萨利只感觉双脚站立实在太棒了。不等大家反应，杰克·萨利就径直走了出去，来到户外。

杰克·萨利来到户外，小步地开始奔跑，诺姆在后面跟着，这种双脚奔跑的感觉让杰克·萨利激动万分，于是越跑越快，有如飞奔一般。甚至连停止都可以马上控制好。这时杰克·萨利碰到了格蕾丝，格蕾丝说他控制得很好。傍晚，她们进入到阿凡达休息的地方，闭上双眼。

此时，杰克·萨利的第一次连接完成。杰克·萨利从连接舱出来了。

"杰克·萨利的阿凡达苏醒过来投射的就是杰克·萨利开始进入潜意识。在潜意识里拥有一切可能，所以残疾的杰克·萨利，它的阿凡达双脚健全，并可以肆意奔跑。当杰克·萨利的阿凡达无拘无束地奔跑时，投射的是潜意识能量是自由流动的，不受他人眼光所影响，不被社会法所约束，生命能量完全自由的状态。这时，人拥有伟大的创造力。"杨老师说。

我想起那些伟大的艺术家和企业帝国创造者。他们在从事自己选择的事情时，是无人相信的。但他们不管他人的看法和社会的眼光，一门心思专注于自己的事情，失败了再重来，最终用这种极致的自我管理和创造力铸就了辉煌。这是他们利用了潜意识能量的结果。

觉知面子，我跟随杰克·萨利从进入潘多拉军事基地要带上面罩开始，看见了自己改名字、与母亲能量对抗、想要证明给母亲看的面子观。这令我和所有人的角色、关系一片混乱。而我活成了母亲想要的样子，活成了社会规则下在意学历和证书的自己，追逐所谓的成功，却越追逐越迷茫。

意识到这些后，我开始和母亲分开居住。我把自己在网络上的名字全部用回了本名，按照自己想要的样子，重新收拾自己的家，承担起自己的角色责任。同时，我不再关注外在的评判和看法，放弃了许多无关的社交，并且拒绝了一切和写作无关的事情，把时间全部花在探索记录上。

我跟随杨老师从"小我"的第一个维度的三个元素：姓、角色和关系开始，一步步走进大脑，朝着"真我"前进。

这时，我相信摘下了面子，我会因为角色的归位，而带来身份的变换、关系的改变，成为更好的自己。

你的练习

1. 揭开"我是谁"的真相。

探索者	角色	关系、位置（与角色对应）	受原生家庭影响的性格	外在的身份包装
周卉	女儿、母亲、管理者	母女关系、亲子关系、上下级关系	要强、倔强、缺乏协作、只展示好的一面、在意他人的看法和眼光	总经理、亲子咨询师、国家二级心理咨询师、追求完美的全能人才

（说明：读者用铅笔做自我练习）

2. 参考填写"我、身、心、灵",觉知从探索之前的身心灵不合一状态变成合一状态的工具。

全息心理健康
觉：　　我可以更好
价值观：变换身份
情　绪：对抗、逃避

全息精神健康
念：　　追求完美
使命：努力最大化自我价值
信仰：受人尊敬

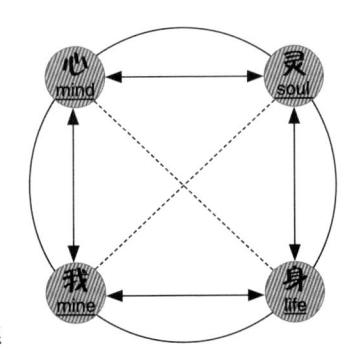

全息伦理健康
姓名：周卉
角色：多重身份叠加
关系：不清晰的社会关系

全息身理健康
性别特质：女性
身相：全能人才
体质：作息不规律、亚健康

———————— 读者用铅笔做自我练习 ————————

全息心理健康
觉：＿＿＿＿＿＿
价值观：＿＿＿＿＿＿
情　绪：＿＿＿＿＿＿

全息精神健康
念：＿＿＿＿＿＿
使命：＿＿＿＿＿＿
信仰：＿＿＿＿＿＿

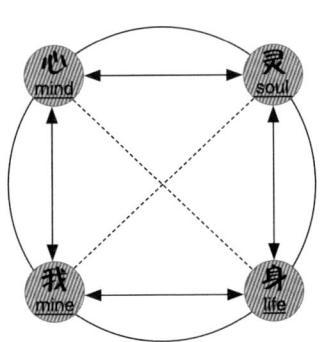

全息伦理健康
姓名：＿＿＿＿＿＿
角色：＿＿＿＿＿＿
关系：＿＿＿＿＿＿

全息身理健康
性别特质：＿＿＿＿＿＿
身相：＿＿＿＿＿＿
体质：＿＿＿＿＿＿

觉知隐私

释放隐私探索，接纳并不完美的自己。

　　成为更好的自己，我们必须学会对自己负责。父母没有义务和责任替我们背命运的"黑锅"，老天也没有功夫针对谁。探索自己，把握自己的命运，当我们敢于做自己并始终坚定不移时，所有人和事都会成为助力。那么，什么时候开始最好呢？就是现在。

　　这一节《阿凡达》电影将带领我们从显意识进入潜意识。但杰克·萨利此刻的"真我"还正在接受"小我"，也就是杰克·萨利意识的操控。我们如何借由电影投射了解"真我"是如何被"小我"操控的呢？一起进入电影了解吧。

　　在杰克·萨利第一次连接结束从连接舱出来后，一位女飞行员过来找到了他。他们一边走，一边相互介绍认识。

　　"我是楚蒂，专门负责接送的科学家，这是我的宝贝儿。"楚蒂来到自己的飞行器旁，向杰克·萨利介绍着。

　　楚蒂提醒着装载飞机武器的人员检查清楚飞机的状况和所有的装备，九点就要飞行。

杰克·萨利一边走，一边十分好奇地看着他们装载的重武器。

这时，楚蒂对杰克·萨利说："我们并非唯一会在天上飞的东西，或是最具威胁性的。我们现在缺个人手，你就先担任侧翼机枪手吧。"楚蒂正在给杰克·萨利安排位置。

接着，她带杰克·萨利到达了目的地，两人拳头相击，愉快地告别了。

"楚蒂是电影里的女飞行员。她一直为杰克·萨利的'真我'实体——阿凡达执行进入潘多拉星球纳美家园的飞行任务，是与探索者同行的人，投射的是正义者，也是我们探索的助力角色。"杨老师说。

随着电影的推进，人物出现得越多，投射的探索助力角色也将越多，所以我们的探索节奏可以适当放慢，直到我们真正理解投射的内涵。

杰克·萨利滑动着轮椅径直向前，看见一个人正在推举重型的器械。

杰克·萨利问："你找我吗？上校。"

"这里的低重力会让你变得怠惰，你要是变得怠惰了，潘多拉的生物会不费吹灰之力就把你干掉。"

这个人是杰克·萨利刚到潘多拉星球军事基地时正在训话的人——库里奇。此时库里奇一边做着器械的力量锻炼，一边和杰克·萨利说道。说完便起身用非常犀利的眼神看着杰克·萨利。

"我看过你的档案了，下士。委内瑞拉丛林，那还真是个凶险的地方，但跟这里比，简直天差地远。你很有种，小子，敢跑到这里来。"

"我想不过就是另个一地狱吧。"

"我自己曾是情报员，比你早个几年，搞不好更早，我去了尼日利亚三次，毫发无损，但来这儿，第一天我就中奖了，是不是觉得我像刚剃了头的菜鸟？"

"库里奇是帕克商业计划中的执行者。一切进入潘多拉星球纳美家园的活动都由库里奇实施落地，包括攻击和掠夺超导矿石的行为。这种攻击和掠夺就是一种索取，所以库里奇投射的是索取者，如同现实社会中对物质疯狂追求的贪婪者，与帕克属于同类，也是我们探索的助力角色。"杨老师暂停下电影，对着每个出现的人物角色，告诉我他们投射的代表。

库里奇在电影里会与杰克·萨利以及他的阿凡达频繁交集。因此他投射的代表也非常丰富。为了确保我们能够透彻地理解，每个部分我只记录了需要了解的投射意义。

库里奇走出来一边和杰克·萨利对话，一边指着自己脸上的疤痕对杰克·萨利说道。

"当时，我要是回地球去，他们就可以帮我动手术，让我恢复帅气的样貌，但是你知道吗？我更喜欢现在这个样子，它随时提醒我，外面有些什么凶险玩意。"

库里奇和杰克·萨利说着自己的信念和经历，同时在自己的战斗机甲上进行各种检查，随即爬上了战斗机甲中准备操控。

"阿凡达计划是个无聊的笑话，养了一群没用的科学家，不过，这无非是另一种机会。"说罢，库里奇进入到战斗机甲内。杰克·萨利在一旁坐在轮椅上，被战斗机甲旁的升降器升至和库里奇机甲操控位置同等的高度。

"这里库里奇穿上的战斗机甲投射的是我们的尊严（自我保护的盔

甲）。我们知道面罩投射面子，库里奇穿上战斗机甲时全身被武装起来，充满攻击性，意味着当面子包裹全身时，就是人的尊严，是神圣不可侵犯的。所以电影中，库里奇对杰克·萨利，始终都是一副颐指气使的样子。"杨老师说。

我理解，尊严应当是一个人的底线。但尊严应当遵循生命法，是道德上的底线。库里奇的尊严，给我一种恃强凌弱，并具有强烈攻击性的感觉。我想，库里奇的尊严也是一种伪装，是对生命毫无敬畏坚守面子的伪装。他把尊严当成盔甲，武装自己，做出了伤害他人的事情。

"一个伪装成阿凡达的侦察兵，真是个绝妙的组合。令我兴奋得连鸡皮疙瘩都起来了。这样的一个陆战队员的确能给我提供不少实地的情报，最深入的情报。"

库里奇一边测试着战斗机甲内每个地方的操控情况，一边和杰克·萨利说："听着，杰克·萨利，我要你从内部了解这帮纳美人，我要你赢得他们的信任，我必须知道怎样才能让他们就范，或是如何逼他们就范，如果他们不肯屈服。"

"那我还是奥古斯汀小组的成员吗？"杰克·萨利问。

"台面上是，你可以和那些科学家一起做研究，你也可以跟他们随便聊聊，但是你是向我报告，你能做到吗？小子。"

"可以，长官。"杰克·萨利告诉库里奇。

"这样就对了。"

说完，库里奇启动自己的战斗机甲，庞大的战斗机甲如同一个大大的盔甲，库里奇做什么动作，它就跟随着做同样的动作。刻意在杰克·萨利面前施展身手，有如示威一样。当它们走出几步后，库里奇转身用战斗机甲的手指着杰克·萨利的腿说："孩子，我会照顾自己人的，你拿到我需要的东西后，等你回来时我会让你重新站起来，用你自己的腿。"

"听起来很诱人，长官。"还没等杰克·萨利话音落下，库里奇就穿着战斗机甲离杰克·萨利远去。

"这里是探索的关键部分。"在我还沉浸在库里奇尊严的投射思考时，杨老师忽然暂停下电影，提醒着我。

"库里奇对杰克·萨利说的这一段对话，是在与杰克·萨利交易。他需要杰克·萨利做卧底，一方面让他进入潘多拉星球的纳美家园获取纳美人的信任，一方面还需要他把格蕾丝搜集到的资料向自己汇报。库里奇认为别人和他一样，便向杰克·萨利提出让杰克·萨利用自己的腿站起来为筹码的交易。这时，当杰克·萨利与其开展交易时，杰克·萨利与格蕾丝之间就拥有了隐私。"杨老师说。

"杰克·萨利好难啊！一个还不知道阿凡达计划是什么的人，一开始就陷入了库里奇和格蕾丝之间的争斗。为什么杰克·萨利不能拒绝呢？"我带着疑问，如果杰克·萨利不想，可以拒绝啊，但他并没有这么做。所以，这个隐私其实是他自己的选择。

"如你所说杰克·萨利刚参与阿凡达计划，他并不知道这个计划的意义和价值，对格蕾丝或库里奇更不了解。但他们都是这个计划的重要权威，所以，他只有顺从并且见机行事。其实，我们人在未知场景中也会遭遇这样不可抗力的因素。当我们对事情完整情况不了解时，我们就容易被看起来的权威所引导，并因身处的位置暂时顺从。这时，我们只有静观其变。所以，每个人都会拥有隐私。"杨老师说。

"杨老师，您这么说，杰克·萨利就像一个刚进企业的新人，招聘他的是帕克的人，而他加入了格蕾丝的团队。如今代表帕克的库里奇对他提出了额外的工作要求，但是却要瞒着自己的团队做。此时，他对企业的人事情况和周边关系一概不知，接受库里奇的要求并变成自己的隐私，然后在格蕾丝的团队里面继续待着，是唯一的选择。只有这样，也才有机会逐渐熟悉这其中真正的关系并找到自己的站队。看来，杰克·萨利的隐私背负得有点无可奈何呢？"我想这就是所谓的人在江湖身不由己吧。同时，我也开始改变杰克·萨利是主动选择隐私的看法。

"所以，隐私有好有坏，就像谎言也有善意的谎言一样。但是，隐私无论好坏，我们都要学会释放。因为隐私的堆积对于心理来说就是垃圾，心理垃圾堆积时间长了就会变质，在我们的身体里发生细胞、器官乃至系统的病变。"杨老师说。

"隐私之所以叫隐私，本来不就是藏起来的吗？为什么还会成为心理垃圾转变成身体病变呢？"我有些弄不明白，问道。

"身体是一个能量体，疾病是它产生问题的语言表达。当隐私令我们产生情绪时，就开始在心理堆积垃圾，而那些莫名其妙的头疼、头晕、胃疼等身体亚健康的现象，就是隐私在心理堆积后通过身体提供的温床开始生根发芽时警告我们的语言。这时，如果置之不理，时间长了就会在身体培育出细胞、器官乃至系统的疾病。我们中医里提及的'喜伤心、怒伤肝、思伤脾、悲伤肺、恐伤肾'，就是这个道理。回忆看，你有没有出现过，因为隐私而发生的身体器官病变呢？"杨老师说。

准确来说，我生命里和医院的交集并不多。从小去医院的日子估计一个巴掌就能数完，并且都是一些磕磕碰碰的小事。倒是一次公司例行体检，我头一次检查出器官上的问题，那时父亲刚离去半年，前夫也接着出事。

父亲离去是对我的第一重打击。那时，除了处理父亲后事外，我很少和他人表达自己的难过。在家中设灵堂时，累了，我就蜷缩在地板上睡。除了对前来悼念的人表达感谢外，也没有多余的话，还尽可能地让自己看起来像个无事人，没有表情也没有情绪，也不流泪。但深夜，我会跪在父亲的遗像前发呆，内心感到对父亲的愧疚，责备自己是害死父亲的"凶手"。

半年后，我还在陆续处理父亲的事情，这时丈夫也出事了。我从来没对丈夫表达过自己的需要，也不会表达。丈夫也很少参与和过问我处理父亲后事的事情。当他出事时，我想着尽量不影响整体家庭的和谐，就没告诉母亲以及身边任何一个人。让一切表面上看起来相安无事、简单平静。但是自己的内心却感觉孤独无助，又不得不独自承受。我感到生命遭受着第二重打击。

就这样又过了半年，公司的体检，我查出子宫内有一个约 5cm×8cm 大小的巧克力囊肿。当时，医生建议做手术。而从医学的角度为了阻止对这个囊肿术后的供血，避免复发，术后最佳的恢复手段就是怀孕。那一刻，自己内心有这样的渴望，但丈夫的态度还有一系列的事情，让我感到不可能。于是，我也就把自己的想法藏了起来。

我习惯了不说、不表达、不问和隐藏，当时检查出囊肿的时候，我也没有和任何人商量，自行把假请了，定了住院和手术的时间后知会了家里。母亲第一时间极力反对，认为我小题大做。我想要母亲的关心和关注，但又习惯了与其对着干，手术这件事，我也就坚定地做了决定不听任何意见，执意要做。母亲拧不过我，但母女之间因此又多添了一道隔阂以及无奈的情绪。

我以十分冷静和客观的态度以及沉着的心态面对检查报告

的结果。我这个连生小孩都可以不喊疼的人，好像天生就有着极强的忍耐力和耐痛感，也有着十分倔强的好强心和好胜心。我想起这个手术需要全麻，和生小孩比起来意味着我在手术中根本不会有任何的疼痛感，也就根本无须畏惧。但是，我的某种恐惧感，在身体里根本藏不住，体现在了我千奇百怪的行为里。

手术前住院期间，我每天都邀请不同的朋友和我一起溜达出病房，让医护查房找不到我的踪迹，就像和医护玩失踪游戏一样，直到被医院警告。我每天一个人在病房的时候，就疯狂地刷朋友圈，书写自己每时每刻的心情，当时有同事还开玩笑说："不用去医院看她了，朋友圈都直播了。"手术当天，临近要去手术室的时候，我的母亲还有我的丈夫都没有到，护士来了许多次，需要病人家属签字都未果。

那一刻，我感到自己的生命对所有人而言都不重要。好像手术就是一种证明一样，在证实着自己的预言，让我感到失望和无助。手术结束后，全身麻醉的药效半褪的时候，我不知道发生了什么，意识十分模糊。后来母亲说我在号啕大哭，猜我是不是想父亲了，而我自己也不明白是什么原因，哭累了就躺在病床上睡着了。

回忆起自己的故事，总是感到莫名的伤感。但是，当杨老师指引我把一个个道理结合自己的故事经历回看时，又让我拥有了隐私释放的痛快体验。

"杨老师，我的忍耐力非常强，所以隐藏隐私，可能有些习以为常。我常常觉得很多人大惊小怪的问题不是问题，这是不是代表，我不自觉地就会隐藏自己的真实需求和想法。"我说。

"老师记得在探索启航时你说过，和父亲的关系让你养成了对不公事情不计较和隐忍的习惯。那么，你的忍耐力很强是有来源的。但隐忍不一定是隐藏隐私或有委屈。隐忍，有时也是大格局和胸怀的表现。它不是一个贬义词，我们必须要具体问题具体分析。不过，你身体出现巧克力囊肿的问题，可以确定是隐私隐藏时间久后引起的身体疾病，并且你的隐私还和面子有关。"杨老师说。

"隐私和面子有关？"我有点不太理解，听杨老师继续解释道。

"是的。当学历、证书、头衔等外在名号都是面子时，它背后隐藏的就是隐私。这个隐私可以是学历的真假，也可能是家境、内心等隐私。你不是常常在母亲面前要面子吗？"杨老师说。

"您是说，面子保护隐私。我面对母亲要面子，在父亲教育下习惯了隐忍。两者叠加，我就觉得把自己的需要说出来也是没面子的，应该隐忍。结果，把不该隐忍的事情变成了隐私，引起了身体的疾病？"我说。

"简单来说，你是把隐忍当成了要面子的表现。不分好坏什么都忍，包括自己的需要和情绪。不懂释放，长期累积，事情就变成了自证预言，身体就变成了心理垃圾的堆放场所，引发了疾病。"杨老师说完，我感觉自己像个"忍者神龟"。

什么是自己的需要？

我想起高中毕业时，心理学是我的大学梦。但父亲告诉我"心理学国外才能糊口，国内不好找工作"时，我就放弃了。接着，我说我想学播音与主持，父亲又说"那是'青春饭'，干不了多久"，我就又放弃了。上班没多久，我萌生了离职的想法，父亲说"没想好接下来做什么，那就先干着"。于是，我一份工作一干就是 12 年。

我习惯了对父亲的顺从，隐忍了自己的需要。这让我忘了，我们每个人从出生那一刻开始，就应是一个独立的个体。如果服从变成一种习惯，父母对我们的教育就等同于控制。

什么是自己的情绪？

住院时，自己就像一个无助的小孩。我渴望有人来关心自己，渴望被父母看见，渴望爱，但又要面子不敢说、不愿说。我不怕痛，觉得说怕痛会被人嘲笑懦弱。手术前没有及时到场签字的家人，让我觉得父亲离去后家不能再圆满，对家感到了失望和伤心，也不想说。

我习惯了忽略自己的情绪。这让我忘了，我们的任何情绪都是合情合理的，感到无人理解，无人可以诉说，我们可以自我释放，也可以找人倾诉，这并不丢脸。

现在看来，过去的那些问题，都是自己给自己上的"枷锁"。"枷锁"一旦锁上，我的角色就不是我自己，而是别人塑造的我自己，我的"真我"被"小我"锁在了身体里，而锁进去的东西都成为了我的隐私。

我想除了我，很多的子女也都是在父母的"为你好"中活着的。我们完成了"为你好"的期待，就忽略了"懂自己"的需要和情绪。所以，孩子越大对父母的隐私就越多。越来越多的孩子会因为无法承受父母的压力选择结束生命，也有越来越多的家庭因为父母关系的问题给孩子的身体或者心理带来了隐私。长此以往，这会成为家庭教育上的悲剧。

所以，当务之急要学会释放隐私。但，释放隐私还要从找到隐私的源头开始。

"杨老师，隐私到底是如何来的？又如何堆积的呢？"我说。

"隐私，最早因身体而有。远古时期的人们整个身体都是裸露在外的，但因为心灵纯洁没有杂念，所以没有混乱。当人类进化拥有意识和本能需求，开始用树叶遮羞蔽体时，隐私就出现了。"杨老师说。

"也就是说,隐私最初是本能需求的对身体关键部位的保护意识？"我总结道。

"是的，你看刚出生的婴儿是没有隐私意识的。我们喜欢看他们裸露的皮肤，让他们的皮肤体会风的抚摸，感受阳光的温暖，与泥土亲密接触，用身体的触觉感知这个世界。直到婴儿长大，开始意识到自己需要穿衣服了，并且他人都这么做，于是就会通过穿衣来遮盖身体。到了成人时，对于穿衣我们有了自己的意识，但可能和社会或父母产生冲突。如果我们遵从社会和父母，把自己的意识隐藏起来，就会形成心理的隐私。"杨老师说。

"您是说，隐私从保护意识开始，而心理隐私是通过意识观念的冲突发生和累积的？"

"不错，当心理隐私产生时就会发生堆积。而心理隐私最早的堆积都来自我们与原生家庭教育发生冲突的妥协次数。妥协越多，隐私就越多。所以，隐私有身体、心理还有心灵上的。"杨老师说。

我开始尝试将隐私的来源和堆积对号入座。

身体的隐私来源是本能需求的保护意识。最早人们用树叶或者衣服保护自己。意识发展后，人们会用面子来保护，比如身体不完整、身材不完美，或者身体有不想让人知道的疾病。当开始隐瞒疾病且不愿意去医院时，面子遮挡下的隐私，就开始长时间堆积，形成心理上的隐私和性格上的自卑。

心理的隐私是伴随意识发展而产生的。当我们的意识和父母、社会产生冲突时，自我意识无法释放就会将自我意识变成心理上的隐私。比如对男孩教育"男儿有泪不轻弹"，违背生命法的观念，一旦成为社会规范行为标准，我们的生命无法遵循本性得以释放，就会产生心理的隐私，形成内耗和自我纠结。严重的就会有焦虑、抑郁等心理问题，久而久之产生身体疾病。

心灵的隐私是人对"我是谁"最高级别的追求。每个人从有意识开始就对它们有着强烈的渴望和追求。但身体或心理上隐私的堆积，加上社会法的约束，心灵中"真我"的"灵"性被隐藏，心灵就有了隐私。许多人感到志不能伸，就是"真我"心灵被约束的表现。

找到隐私的来源和堆积，接着我们就要学会自我释放。

"杨老师，我们该如何释放隐私呢？"我问道。

"找到自己连接的通道！隐私的根本来自情绪的对抗，找到连接通道，你可以连接潜意识，也就是情绪的源头，隐私就会在这个过程中释放。

"其实，找到适合自己的连接通道，对于释放隐私来说等同于找到让自己愿意释放隐私的最佳工具。对吗？"如果没有最佳的释放工具，情绪在我们的身体里就放错了位置变成了垃圾。

但是，每个人的连接通道都不同。有的人喜欢唱歌，有的人喜欢旅游，有的人喜欢购物，有的人找闺蜜倾诉，我们需要找最适合自己的连接通道，并且应当是对身体健康有益的。

"是的，连接通道就是工具。如同阿凡达的连接舱。当然，在释放隐私时，我们还要遵循两个原则。第一个原则就是时间。有些隐私，是具有时效期的，如果在时效期内暴露出来，可能会让自己陷入困境或者被人利用。而过了时效期，就没有问题了。比如和人有了约定或者契约时，我们要遵守契约精神或者职业道德，从业的时候就需要对一些事情保密。而第二个原则就是每个人的觉悟、价值观和认知。一个隐私，需要在不同时期选择保密或者公开，在不同觉悟、价值观和认知的差异下也会在不同时期按照意愿来决定释放与否。当我们觉悟和认知越高时，便越不会在意一些事情的释放，也越不会去在意他人的看法。"杨老师说。

"杨老师，这两个原则，我是否可以理解为隐私主要也就是包括别人和自己的两种。如果我们说自己的，不说别人的。那么就可以根据时间自己来决定什么时候该说和说什么。至于觉悟，我们保持隐私一定要释放的原则就是找自己信任的人，或者找专业的心理咨询师。这样我们就不会担心释放隐私。同时，我也感到释放隐私还取决于我们探索和改变意愿的强烈程度。越强烈，越容易找到自己的连接通道也会释放得越彻底。"按照我的理解，我和老师说道。

"是的,隐私是不能说、不敢说、不愿说,藏在心里不愿意公开的事件和想法。但想要身心健康,隐私一定要越早释放越好,这会让我们更早地迈上健康的新人生。"杨老师说。

我想,我们本来就是光溜溜来到这个世界上又身无一物离开的。原始状态才是我们真实的自己,而那些面子、隐私都是我们在生活中自己一点点添上去的,如果早晚都要丢掉隐私,那为什么不可以早一点呢?

我思考着,杨老师已经开始播放电影了。

杰克·萨利准备再一次连接阿凡达。

所有的连接准备工作就绪,格蕾丝在杰克·萨利连接前对杰克·萨利说,让他不要出声,让诺姆负责说话,连接开始。

飞机飞过水面,高速旋转的螺旋桨激起水面的水花,产生水雾,一群怪异的飞鸟在空中与飞机并驾齐驱,向飞机发出叫声。穿过树林、山体,她们看见地面上的斯塔姆兽,格蕾丝说那些家伙就像是一只公牛,但又有些温柔。

飞机飞过山谷,向下俯冲,坐在机上的杰克·萨利发出叫声,感到十分兴奋和刺激。楚蒂笑笑,开着飞机穿过茂密的森林,缓慢地降落了下来,地面的一些动物随即散开来。

杰克·萨利和另外一个士兵,作为左右的护翼手拿着机枪先行下了飞机,防卫地看着周围。格蕾丝和诺姆随后下了飞机,格蕾丝走到飞行舱旁和楚蒂说:"关掉引擎,我们会在这里停留一会。"说完,楚蒂便关掉了飞机的引擎。

他们拿上背包,格蕾丝让另外一个护卫留在飞机旁说:"有一个拿着枪的白痴就够了。"

格蕾丝在杰克·萨利的身后说着,杰克·萨利只是笑笑,在他们的前面行走。

阳光非常灿烂，杰克·萨利透过茂密的树林还能看到穿透过来的光线。他们一边走，一边观察四周。一个像猴子一样的动物在丛林之间跳跃，停留在杰克·萨利面前，杰克·萨利举起枪做着防卫的姿势。格蕾丝告诉杰克·萨利说："这是潘多拉狐猴，没有攻击性。"

　　"放轻松点，陆战队的，你搞得我也紧张了。"

　　说完格蕾丝让杰克·萨利把手中的机枪放下。

　　"电影这里，杰克·萨利看到的潘多拉狐猴投射的是潜意识平衡系统能量。身体是个能量体，隐私堆积，我们就要学会释放。这遵循的就是能量平衡的规律，是对我们身体健康的保护。"

　　杨老师暂停了一会电影对我说道。

　　"她们如何知道我们来到这里？"

　　"我很确定她们现在正在监视我们。"

　　"这里曾是我们建的学校，现在这里只是一个贮藏库了，那些孩子都是非常聪明的，热衷于学习，她们的英语甚至不用我教也学得很快。诺姆拿一些酸碱检测器和探泥针。那边的小黄色箱子有个旧的显微镜。"

　　格蕾丝和诺姆还有杰克·萨利来到曾经地球人在潘多拉星球上建造的学校，现在这里一片荒芜，所有的东西和物品都凌乱地散落在各个地方，格蕾丝对诺姆做介绍，杰克·萨利拿着机枪四处巡查，保持警觉。诺姆从地上捡起一本书给格蕾丝。

　　"这些刺蝙蝠把她们撞得到处都是，我一直都希望能有孩子回到这里再读读它们。"

　　"它们为什么不回来？"诺姆问。

"奥马蒂卡亚族部落，他们已经精通了我们的语言。"格蕾丝有些失落地说。

杰克·萨利四周一边走一边看，看到了格蕾丝说的刺蝙蝠，接着又在一个破门上看到了一些子弹留下的痕迹，光线从子弹孔处穿透过门。杰克·萨利问："这里发生了什么事？"

格蕾丝转身对杰克·萨利说："你还打算用这装备来帮我们吗？我们还有很多事要忙。"显然，格蕾丝对杰克·萨利的语气一点也不友好。

杰克·萨利听到格蕾丝这么说，也只好叹了一口气，感到无可奈何。

"在潘多拉星球，格蕾丝提到的监视投射的是潜意识会存储我们所有的经历和体验，你记得的不记得的，它都会存储下来。就像一个监视器一样知道我们曾经做过的事和说过的话。"杨老师说。

我心里想着"外面的一切都是我们内在的投射"这句话。相信潜意识拥有巨大的能量，存储着和我有关的一切信息，它可能比我更了解我自己。

"你看格蕾丝在和杰克·萨利对话的时候，有些不友好的态度，其实源于格蕾丝认为杰克·萨利是和帕克、库里奇一伙的，本能地排斥杰克·萨利。投射的就是当我们拥有隐私的时候，我们以为别人不知道，但与自己一起的人却能察觉。也就是，隐私很多时候是自己骗自己。"杨老师说。

我们总以为隐私很珍贵，被其困扰、纠结，但可能都是自以为是的自作自受。

诺姆、格蕾丝、杰克·萨利三人继续在森林里穿行，她们来到一棵树下，将探泥针放入这棵树在土地上伸出的根系中，用酸碱检测器开始扫描。

看着探测器中扫描出来的结构，诺姆说："怎么可以这么快？"

格蕾丝笑着对诺姆说："很惊人，是吧！这就是信号传导，从这个树根传到旁边那个树根，我们应该采集一个样本。"

"好，样本。"

"反应速度那么快，我觉得这里可能有电流。"

"诺姆，你的口水污染到样本了。"

"喔，对不起。"

"你看到格蕾丝和诺姆探测的植物根系投射的是脑神经。探测时她们说'怎么这么快'，意思就是脑神经在潜意识里拥有非常活跃的传递信息的功能，并且能量巨大。而潘多拉星球中相连的植物树就是相连的脑神经。"杨老师对着我说道。

听杨老师这么说，看到潘多拉星球的茂密森林和枝蔓根系在天空和土壤里盘根错节，我就想象出大脑里千万条脑神经，每天为我们处理和传输数以万计信息的样子。边想边继续播放电影。

正当格蕾丝和诺姆在对树根信号传导情况进行探测并且采集样本时，杰克·萨利慢慢地向着森林前方走过去。

这时杰克·萨利看见一连串橘红色螺旋的植物。植物的高度比杰克·萨利还要高，走近时，杰克·萨利伸出一个指头触摸，眼前的螺旋叶瞬间就缩回泥土里。

杰克·萨利不明白怎么回事，好奇地继续向前。当杰克·萨利刚想去触碰第二个螺旋叶时，它一瞬间也缩回地里。

这个奇怪的现象让杰克·萨利感到十分神奇，他有意思地笑了笑，又伸手朝其他的螺旋叶触碰，这一触碰，所有的螺旋叶"噗噗噗噗"的一个，两个，三个，四个，一连串的都缩回了地面。一瞬间，一株螺旋叶都看不到了。

"现在看到电影的这部分，螺旋叶投射的就是堆积的隐私。"杨老师说。

我看到电影里的螺旋叶一个个颜色绚丽，形态漂亮，不仅阻挡了路径，而且大小比人还高。想到了一个投射的问题，说："杨老师，电影里螺旋叶堆积的样子是不是投射隐私堆积越多就越会把一个真实的人变成虚假或者虚伪的人？"我问。

"你的这个观察很细致。知道吗？真实的阿凡达身高有三米多，比常人要高大一倍。杰克·萨利的阿凡达站在旁边几乎和螺旋叶差不多高。大片一些的螺旋叶甚至比杰克·萨利还要高，可见，堆积的隐私有多可怕！"杨老师说。

庞大的螺旋叶，杰克·萨利蹲下身随便躲起来，遮挡住他的身体。隐私最早从身体而来，一片树叶就可以遮挡。

时代发展，不同场合，不同季节要穿不同的衣服，变着方法去遮盖身体的隐私。为的是让外在看起来更帅气、更靓丽。接着在专业知识领域的学习和深度钻研能力的前提下，我们用知识把自己变得学富五车、才高八斗，获得许多的荣耀光环。

当我们可以在任何一个身份背后沾沾自喜时，就像颜色绚丽、形态漂亮的螺旋叶一样沉醉在光鲜之中，竭尽全力为自己创造各种有可能的价值。

但不是所有付出都有回报，如果付出没有收获回报，我们对付出的质疑声就成了对过去追逐文凭、学历和光环的质疑，而这些恰恰与事业都毫无关系，反而会成为我们对自己所应做事业的不坚定、不确定的隐私。

"杨老师，螺旋叶投射了隐私堆积的可怕，可杰克·萨利触碰后一个、两个、三个成片的都缩回去，是投射隐私瞬间就可以没有吗？"

我不太明白为什么隐私可以一碰就没有，还成片的？可现实中放下面子释放隐私并不是说释放就能释放的，这个过程需要时间，并且很痛苦！

"螺旋叶一被触碰就成片缩回去投射的是人的一个隐私被牵扯出来后会自动牵扯出一连串隐私，让我们不愿释放。比如我们小时候偷拿父母亲的钱去买东西吃，那时候我们肯定不会说，因为说就会被骂，这就成了我们那时候的隐私，在当时不愿释放。但是，长大后会和朋友分享一系列相关经过，这意味着我们最终还是要把隐私释放。"杨老师说。

这回我明白了。隐私一定不会只和自己相关或者和某个人相关，它会和很多的事和人形成一个连锁的螺旋叶群体。当我们没有被外界刺激的时候，它们就安放在心中土壤里生长。当一旦它被触发时，土壤里的大片隐私就会被我们警觉性地保护起来。选择了保护，我们就继续隐藏隐私，选择了释放，我们就能释放最本源的隐私，给生命带来崭新的开始。

难怪当一群人回忆往事时，总有说不完的话题道不尽的苦楚。而我们也往往享受这个时候的状态，因为该说的不该说的我们都说了，一切释放以后，我们回到了自己本来简单快乐的样子。

探索的这一天我很早就入睡了，凌晨时分当我被狂风暴雨惊醒时，我尝试起身进入潜意识。我在一个黑暗的房间里，看到了一个女孩，就像小时候的我。

这个女孩在黑暗的角落里蜷缩地蹲着。她一直想有一个属于自己的温暖的家，然而当原生和再生家庭相继破碎，加之父亲的离世，家就成了她完不成的梦，让她把爱关起来了，也收起了对家的渴望。

她睡过马路,被人房进过房间,她所有的经历,在相关人离开的同时,就锁进了她的心底成为隐私,不再启齿。

　　我站在房间的门口看着在对面角落的女孩,一束光线透过房门照进房间,照在女孩的身上。追着光,我轻轻地走过去,紧紧地抱住她,并告诉她,我看见你了,你所经历的种种我都知道,但我依然爱你,如同爱自己一样。我们拥抱着放声哭了出来,彼此获得了彻底地释放。

　　那天早晨,窗外大地经过了雨水的洗礼,而我经过了泪水的洗礼。当一直藏在内心中最深层的爱和最疼痛的隐私被自己看见后,我感到一种从未有过的轻松。

　　释放隐私后,我接纳了真实的自己,那天我的心情也如同雨后放晴的天气一样,格外清爽,充满阳光。

你的练习

1. 揭开面子背后的隐私

探索者	面子呈现	隐私呈现	真正需求	解决办法
周卉	要强、要面子、包裹、冷漠和麻木	巧克力囊肿 不敢表达需求	渴望关系、渴望爱、渴望家、渴望表达	寻找值得信任的人或者生命导师,根据意愿敞开心灵、释怀隐私

(说明:读者用铅笔做自我练习)

2. 参考填写"我、身、心、灵"，觉知从探索之前的身心灵不合一状态变成合一状态的工具。

全息心理健康
觉：　　被控制、被安排
价值观：父亲说的都是对的
情　绪：忍耐、寡言

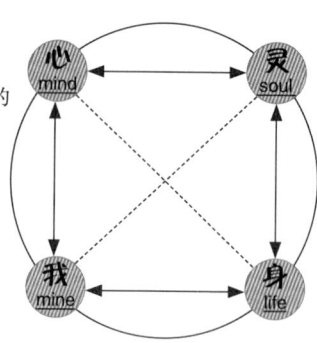

全息精神健康
念：　　释怀隐私
使命：　努力表达需求
信仰：　寻找安全的人和环境

全息伦理健康
姓名：周卉
角色：女儿
关系：不和谐的社会关系

全息身理健康
性别特质：女性
身相：做他人眼中坚强的自己
体质：身体出现巧克力囊肿

———— 读者用铅笔做自我练习 ————

全息心理健康
觉：＿＿＿＿＿＿＿
价值观：＿＿＿＿＿＿＿
情　绪：＿＿＿＿＿＿＿

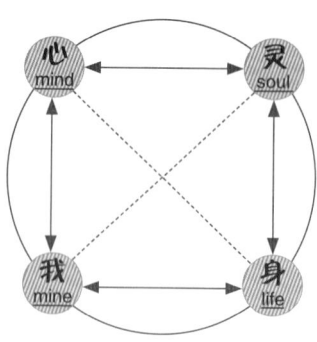

全息精神健康
念：＿＿＿＿＿＿＿
使命：＿＿＿＿＿＿＿
信仰：＿＿＿＿＿＿＿

全息伦理健康
姓名：＿＿＿＿＿＿＿
角色：＿＿＿＿＿＿＿
关系：＿＿＿＿＿＿＿

全息身理健康
性别特质：＿＿＿＿＿＿＿
身相：＿＿＿＿＿＿＿
体质：＿＿＿＿＿＿＿

觉知安全感

面对不安全感，渴望的安全感都是假象。

探索期间我参加了一次聚会，聚会后一位年轻女孩听完我没有任何头衔的自我介绍后，主动来询问我是如何做到放下一切的？我告诉她："我想尝试丢掉外在一切后，人是不是真的如过往想的那样，难以生存！"显然，释放隐私后，我已经不在意别人怎么看了，而更关注自己要什么。但是，要做到这些，拥有真正的安全感很重要。

当我跟随杰克·萨利的阿凡达进入潘多拉星球纳美家园时，所有的投射物都能唤起我在潜意识里存储的过往经历，它们指引着我重复的生活和行为，使我缺乏安全感。这时的探索，让我希望收获真正的安全感。那么，真正的安全感从何而来呢？我们跟着电影继续探索吧。

正当最后一株螺旋叶蜷缩进地面时，杰克·萨利的面前出现了一头带着大锤头的动物，它发出嘶嚎。随即杰克·萨利就举起了手中的机枪对准它。这个动物叫锤头兽，它一边嘶嚎一边准备朝杰克·萨利进攻。

"杰克·萨利触碰螺旋叶成片缩回去投射一个个隐私被揭露,而锤头兽的出现,投射的是隐私背后安全感暴露。所以,锤头兽投射的是安全感。它就像隐私突然被揭露时人的自主防备,具有攻击性。"杨老师说。

杰克·萨利触碰螺旋叶,意味着隐私是被揭露的,所以会有自主防备。但是如果隐私是主动释放的就不会。这个锤头兽的出现,让我看见了隐私主动释放的重要性。

"这是否说明隐私是保护安全感的?就像面子保护隐私一样?"我开始自行理解投射物之间的关联性。

"是的。面子保护隐私,就是戴面罩的人只能在潘多拉星球军事基地工作,不被纳美人接受一样,是'小我'在显意识保护隐私的投射。隐私保护安全感,就是摘掉面罩的阿凡达能在潘多拉星球纳美家园看见螺旋叶,想要释放隐私,但隐私被揭露会让人缺乏安全感,是'真我'对释放隐私渴望的投射。锤头兽的出现提醒我们,隐私释放需要时间,如同杰克·萨利的潜意识知道和库里奇交易并非它本意的隐私,但却需要时间来释放和改变,同时也需要找到真正的安全感一样。因此,想要释放隐私所面临的第一个困难就是安全感问题。你在自己隐私被剥开,安全感暴露时会有这样的感觉吗?"杨老师问。

"我回忆起自己的故事,感觉隐私被剥开时,内心很不舒服,身体很不适应,甚至会自主防备,想要逃避。尤其当一些被遗忘的隐私突然被某件事触动时,那种感觉就像被什么东西敲打过一样,感到非常缺乏安全感。但探索自己,让我会主动意识到隐私释放的重要性,尽量不逃避和去看见,但的确还需要时间一步步来。"我体会着自己那些经历被重新开启时的体验对杨老师说。

"在隐私释放的时间里持续探索自己,来帮助你找到真正的安全感吧。我们先从你感到最缺乏安全感的事情开始,怎么样?"杨老师说。

"好的。"我开始回忆自己的故事。我想自己最缺乏安全感的事情应该来自婚姻。

> 婚姻问题是我一直解不开的结。此时，我已经离婚六年多。
>
> 为了不让孩子受到太大影响，我有意识地努力学习，也尽可能地维护自己和孩子父亲的关系，塑造孩子父亲和自己在孩子心中的正面形象。但每当想到自己在离异家庭成长受到的创伤；想到孩子六年在单亲家庭中成长时，我知道，如果我一天不突破，便无法给孩子创造一个完整、幸福的生活和家庭。于是，我走上学习亲子咨询和心理咨询的成长道路。
>
> 我想着，婚姻是我的再生家庭。我分别在和父亲、母亲的关系，也就是我的原生家庭上看见自己。如果能够找到原生与再生家庭之间的影响关系，这个结也许能一并解开！
>
> 原生家庭中，我对家的感受是动荡不安的。父母的工作变动，婚姻变迁，小学六年我换了四所学校，高中换了两所学校。整个学生生涯，我只有初中三年是稳定的。我不喜欢这种身边的玩伴换了一批又一批，环境换了一处又一处的不稳定感，于是自己有孩子时，就坚决反对母亲要给儿子换学校。
>
> 虽然生活环境的不稳定和动荡，给了我强烈的不安全感。但也造就了我强大的环境适应能力。我在任何环境下都能适应，我的生命就像父母给我起的名字中的"卉"字一样，如小草一般"野火烧不尽，春风吹又生"。我对婚姻也是凭着一股韧劲和激情，觉得别人如何看不重要，重要的是夫妻同心。毕竟日子是自己过的。
>
> 选择婚姻，我最初只有两个执念：一是26岁左右结婚生小孩；二是组建自己的家庭，然后创造自己的家庭生活。

但是与异性的相处，我除了一根筋到底的执着外，都是对自己的不认同。我担心自己的才能不够全面，不能够帮助对方；我觉得自己不够优秀，不能够给对方撑住面子；我甚至觉得自己的价值感不够而自卑。

终于在 26 岁，我如愿完成了结婚生子的愿望。当我充满自信也对未来婚姻充满期待和幻想时，现实却是残酷的。婚姻要做到理想的样子是需要双方的努力经营。而我经营婚姻的能力仅存于原生家庭父母的失败婚姻中。

我从生活习惯到做事习惯事无巨细地关照丈夫，在觉得自己做了许多对方并不领情时，充满了抱怨的情绪。我感到无法依赖丈夫时，便自觉扛起了一切事务的处理大权，当我和母亲一起把整个家庭角色、位置和关系搞混乱时，丈夫在这个家庭中的位置就被挤走了。

我想到我曾经在没有孩子的时候拼命工作。为了把事情做好，没日没夜地加班。我想到自己怀孕的时候，在孕期都不顾一切地搬搬扛扛，甚至到快要生了还在家上班，而产假结束后就马上上班。

我从来都不理解有的女性一年半载不上班在家里带孩子的行为。在我的意识里，觉得在家天天围着孩子、灶台转，不仅会丧失自己的社会能力，而且会和丈夫失去共同语言，甚至女性在家里也不会被尊重。而过去带着这样观念的我，"裸辞"的原因居然是要回归家庭。想必当时，一定是无人相信的。

但是，植物需要为根寻找驻扎的土壤，人也需要拥有安定的居所。

> 家庭教育、学校教育和社会教育都没有帮助我树立正确的爱情观，我对自己没有任何的价值判断和也不知道什么是真正的爱。我的经历让我内心一直渴望拥有自己的独立空间和家。
>
> 当离婚六年在择偶上仍然力不从心，并感觉没有爱人可以依赖时，我就觉得没有自己的家，就没有安全感！最终，才有了"裸辞"回家的想法，希望回家能够找回自己，看见自己。

我的故事，让我看见自己对于婚姻的渴求来自对家的渴求。而根源来自自己缺乏安全感。我对杨老师说："杨老师，缺乏安全感好像是多数人都存在的现象。"

"每个人都会缺乏安全感。对你来说，是你内心对家的渴望驱动了它，对于很多人是对婚姻恐惧驱动了它。但是，安全感其实是与生俱来的本能。早期，人类在野外生存时，为了满足与生俱来的安全感，动物本性表现出来的就是既要捕猎又要防止被入侵。小孩生下来时，手是蜷着的，人从猿演变的，小猴子跟着母亲在树上跳时，为了不让自己掉下来就拥有了抓的行为，这抓就是人类最早的安全感需求的体现。"杨老师说。

"所以，对家的渴望，其实也是每个人满足自身安全感的本能需求？而我因为从小在变迁的环境中成长，在本应获得安全感满足的年龄时，家没有给我带来安全感，长大了就要通过外在的方式满足，比如稳定的工作、稳定的关系、稳定的住处甚至婚姻来获得？"我想起了孩子小时与我常常说想要爸爸妈妈再在一起的话，开始借由探索自己明白了孩子的渴望。

"是的，当人的安全感在对应的年龄没有获得满足时，就会在成年时通过其他方式获得。你是想通过婚姻，但是婚姻中你获得安全感了吗？"杨老师说。

"没有！婚姻和我想的完全不一样。我会斤斤计较婚姻中鸡毛蒜皮的琐事，目的是让丈夫关心。当丈夫不理会或者经常和我冲突时，我会觉得还是自己独立赚钱才是拥有安全感的体现。"我说。

"其实你身上反映出了女性家庭角色安全感缺失的共通点。"杨老师说，"今天这个社会，女人无论是在谈恋爱、结婚还是工作上，安全感缺失是第一大问题。普遍女人在职场上的做法是学习、社交、赚钱。普遍女人在婚姻中的表现是抱怨男人不努力、没有技能、懒，不能带给自己安全感。所以，自己冲上前去'做男人'，成为'女汉子'。"

杨老师的话，不仅让我看见了自己，也看见了我从职场回到家庭后在试错中看到的许多社会现象。

现在的女性学习能力是最强的，知识付费流行起来后，女性也是主流消费群体。而我也曾是其中的一员。成为母亲后遇上一系列孩子教育的问题，驱动了我去学习亲子咨询和心理咨询。我坚定地认为当别人不能够帮助自己的时候，就只能靠自己。如果自己拥有解决一切问题的能力，那么我也不需要依附任何人！这是我和所有女人一起学习时最具有共鸣的地方。

"杨老师，您说的这个现象我觉得女人也是身不由己啊。一边是事业、一边是家庭，哪个女人都想两全其美，但事实是女性结婚生小孩后，职场上需要不断充电拥有竞争力，上完班回到家还要管孩子学习和家里的琐事，现在很多男人是不学习也帮不上忙。如果天天吵架也精力有限，这时物质回报最现实，毕竟是看得见的结果啊。"我有些激动地说。

"那你在婚姻中没有获得的安全感从事业上获得了吗？"

杨老师一句话问得我有点理不直气不壮。因为我"裸辞"就是要回归家庭，而也确实是自己在事业上投入获得的物质回报没有让我觉得幸福并拥有真正的安全感。当我通过物质填充和社交填补，把荷包和时间填满时，内心却是空洞的。最具表现的就是，我难以享受一个人的独处。

其实，我内心真实的需要是：我想拥有事业让我保持学习能力和社会竞争力。而我也需要家庭作为我和另一半的后盾，在疲惫或辛苦时，彼此拥有一个温暖且充满爱的港湾。但是多年欲求未果，也不知道真理是什么，自然就活得和大多数女性一样了。

"在男女平等的社会里，女性可以拥有自己的事业。"杨老师缓慢而平静地说，像是在缓和我之前有些激动的情绪。

"女性角色安全感缺失的问题和家庭事业平衡的矛盾，主要来源于根深蒂固的'男主外，女主内'的文化冲突。但其实，它是主流社会文化而非传统文化的精髓。老师说过男人和女人本分的角色位置。它并不是不让女人拥有事业和赚钱，而是强调一种平衡。到安全感这里，它是在提醒女人这是你与生俱来的生理结构决定的角色本分。它和男人并无关系，女性做到了是对自己身体和心灵、生活和事业上的健康和幸福负责任，也是女人安全感的来源。而对男性也是同样的提醒。这种正道的价值观就像宇宙中太阳和月亮象征着男人和女人的状态一样。这种职责分工就是在提醒我们男女在家庭里每个人都是独立的个体，都应有自己的价值，而独立个体的根本是首先遵循个体生命法的规律，行使自己对应角色位置的职责。再具体点，就是如果女性在家庭的职责是滋养、孕育和创造生命，那么在家里就要行使它，令家中男女阴阳关系得到平衡。这样做了，其实反而会有助于事业上的顺风顺水。但我们常常喜欢本末倒置，强调那些外在因素。"杨老师说。

我想杨老师是要再次提醒我角色位置摆正才是获得安全感的来源。至少，我们做了一切自己该做的事情可以理直气壮。这时，杨老师继续说道："平衡也是自然规律下的生命法。遵循生命法，敬畏社会法，才是人适者生存的法则。所以，如果想要家庭和事业拥有平衡、幸福，婚姻中，杨老师的建议就是女性要学会扮演不同的角色。比如事业上你可以是独当一面的女总裁，回到家里你就要扮演回妻子、母亲的角色，能够在这些角色之间转换，你才能够获得平衡，从家庭中收获助力。男人同理。"

果然，人拥有"上有政策下有对策"的创造能力。适者生存，女人既然拥有创造力，为了自己真正的幸福，学会当一个演员扮演不同的角色，其实也是一件挺有意思的事情。

于是我对杨老师说："杨老师，是不是女人在学会扮演好角色经营好一切的同时就拥有安全感啦？"

"你在职场上如果把自己的工作职责做好，得到认可，你是不是感到很满足，发工资的时候感到拥有安全感？"

"是的。"

"工作是履行工作职责。家庭就是履行家庭职责。每个职责都履行到位，每个角色都扮演到位，你就根本无须在意他人怎么看，这就是安全感的表现啊。"杨老师说。

这一瞬间，我豁然开朗。

"但，安全感有真有假，你懂得区分吗？"

"什么？安全感还分真假？"我有点吃惊。

"是的，我们跟着电影一起去看看如何区分'真假'安全感吧。"杨老师说完，我就耐心地跟着老师进入电影。

远处闻声而来的格蕾丝和诺姆见状对杰克·萨利说："别开枪，你会把它惹恼的。"虽然格蕾丝这么告诉杰克·萨利，但是锤头兽却一边嘶嚎一边前进并用那巨大的锤头左右撞击清除面前的障碍。好像在向杰克·萨利示威一样。杰克·萨利始终举着机枪，对格蕾丝说："我已经把它惹恼了。"

"杰克·萨利，它皮太厚，子弹是打不穿的，相信我。"

格蕾丝说完，杰克·萨利把机枪瞄准口朝上，让自己的瞄准姿势变成了防卫姿势。可锤头兽还在嘶嚎，并且一直晃动它的大锤头。

"它只是在宣示它的地盘，千万别跑，否则他会冲上来的。"格蕾丝说。

"那我要做什么，跟它跳舞吗？"

"待在原地，别动。"

格蕾丝让杰克·萨利待在原地别动。但此刻锤头兽的一只脚在地面上刨了一下之后便径直朝杰克·萨利冲过去。

"杰克·萨利看到锤头兽时，你看到他第一反应做了什么？"杨老师暂停下电影说。

"举起机枪，然后询问格蕾丝该怎么办！"我回答说。

"人在受到外界刺激和攻击时，为了保护本能的安全感，就会自动寻找外在手段。举起机枪，问格蕾丝，其实都是杰克·萨利安全感受到威胁时寻求外界帮助的体现。这种表现就是'假象安全感'。对于现实来说，我们靠外在获得的安全感和包装出来的价值感都是'假象安全感'！"老师说完，我开始思考，我们的确常常追求物质时，并没有获得我们想要的幸福和安全感。

比如：

我们拥有房子，觉得房子能带来安全感，但诚信资质才让我们拥有贷款资格拥有房子，没有资格我们会不安，获得资格后我们又要归还贷款，在压力下我们也会不安。

我们拥有车子，觉得豪华的车子能带来安全感，但出行却总担心安全问题和道路交通问题，堵车我们会焦虑不安，如果发生意外我们会更不安。

我们拥有了证书，获得在职场、学业上的安全感，但却在证书没有带来对等价值的回报后，感到不安，感到投入的时间和金钱打了水漂。

我们使用通信工具，享受信息发达带来的通讯方便时，却又担心个人信息被泄露。

现实中，此类的现象实在太多。看来我们都活在"假象安全感"中。

"杨老师，我感觉我们活在了一个风光却又倒退的生活里面。我们的消费、食品、出行看起来光鲜亮丽，但都是物质金钱堆积出来的假象，没有任何安全感可言，甚至处处充满了不安全感。那真正的安全感究竟从何而来呢？"我有些急切地问道。

社会的进步，科技的发达，当我们已经不再需要为吃穿和生存去烦恼的时候，我们本应该往更高层次的爱去升华，去追求精神的成长和生活品质的提高，但是人们反而都在担心吃的是不是健康，用的穿的是不是安全合格。活在"假象安全感"中，不仅影响着身体的安全和健康，还令心灵受到一定程度的损害。

以前我们要从农村到城市，现在放假了人们都要从城市去农村玩，吃土货，吃野菜，花钱去找小时候的那种味道和感觉。生活条件越来越好了，人们一边享受着生活先进带来的方便，一边又感慨着物质并没有带来真正的安全感的无奈，幸福感、安全感在倒退。于是越矛盾越纠结，越纠结就越不安。

"别担心，电影会带给你答案。"杨老师给我突如其来的焦虑吃下一颗定心丸。接着我们继续播放起了电影。

> 杰克·萨利见状也直接对着锤头兽发出"啊"的一声嘶吼。
> 谁知在这样的情况之下，锤头兽居然停下来了。杰克·萨利得意地以为是自己的勇敢让锤头兽也害怕了，于是对锤头兽说："来啊，看你有什么能耐？"

杰克·萨利正说着，锤头兽却开始往后退。见状，杰克·萨利更加勇敢了，说："来啊，看谁厉害？这就对了。"

这时，在杰克·萨利背后有另外一只动物正从树与树的中间慢慢地爬出来。而杰克·萨利却并未察觉，依然对锤头兽说："这样就对了，畜生！"

一边说着，动物也一边悄然接近杰克·萨利，锤头兽这时恐惧地嘶吼着，转身就走了。

杰克·萨利说："对啦，滚回去找你的妈咪吧。就这能耐啊，快滚吧。要不再多叫几个同伴过来？"

兴奋的杰克·萨利还沉浸在自己的勇敢中，而背后的动物却正伺机而动。

"这里是杰克·萨利和锤头兽的正面交锋。你看到杰克·萨利是如何做的？"杨老师说。

"杰克·萨利虽然内心有点害怕，但身体没有任何闪躲，非常勇敢地直面锤头兽并用吼叫回应它。"我说。

"这里你能不能体会到杰克·萨利的正义感？"杨老师问。

"我觉得能，因为这时格蕾丝和诺姆都躲在一边不知所措，只有杰克·萨利敢站在锤头兽的面前举起机枪，与其正面交锋。"我说。

"很好。那如果锤头兽投射的是安全感的暴露，而杰克·萨利的正义感让它敢于直面锤头兽，你觉得真正的安全感从哪里来呢？"杨老师说。

"难道，是从我们的内心中来？"担心回答错误，所以我的不安让声音非常小。

"对啊，真正的安全感就是从内心中来呀！你想想我们讨论安全感扮演角色时，提到我们分别履行了工作职责和家庭职责，无须在意他人怎么看的样子，是不是和杰克·萨利充满正义感，拿着机枪像个战士直面锤头兽的状态一样？"杨老师说。

我想想的确如此。当我们履行了自己真正的所有职责，我们便自带价值感，并且当一切都获得得理直气壮时，我们会一直在实现自己梦想的道路上前进。这时，我们会自带信念感，也会拥有真正的安全感。

但是，履行所有职责应该还只是获得真正安全感的一个部分。因为"假象安全感"在社会上充斥，我们不仅真假难辨，还会以为自己履行了职责但实际上给他人带来了不安全感。比如家庭中，我们都认为自己在履行家庭职责，但是往往充满了抱怨和指责，内心想要的和做的说的都不一致。比如工作中，我们都在干工作职责的事情，但是却因为不满意工作报酬或者不受认可而消极怠工，内心的想法和做事时候的态度也不一致。这时，我们都陷入了一种被迫式的生活中，缺乏安全感，但又无法逃脱这样的怪圈。

"杨老师，如您所说，我们履行了自己真正的所有职责，内心就会拥有真正的安全感。可为什么我们在做该做的事情时，说的做的会不一样，自己没有安全感的同时无形间还给他人带来了不安全感呢？"我说。

"你说的这个问题来源于我们的身心不合一。老师用食品安全来给你解释吧。所有人都知道吃健康食品是人的安全本能需求。从探索角度就是让我们身心合一。意思就是身体有什么样的需求，我们的心就应当为这个需求服务。对生产者来说，就要生产良心食品；对于我们个人来说就是要吃身体需要的食品。而身心不合一的人，会履行生产工作的职责，却生产不合格的食品，给他人和社会造成不安全感。身心不合一的人，会明知道这个食物不该吃，但还是被美味诱惑得控制不住自己。"杨老师说。

原来身心合一是我们带着什么心做事情，我们就应该用什么行为去做。我简单地这么理解。

"那又是什么造成了身心不合一呢？身心不合一的人，在给别人不安全感时，其自身是不是也会没有安全感呢？"我继续追问。

"当人的心被利益和欲望驱使时，就会身心不合一。而这样的人自身也是缺乏安全感的。老师在给企业家们上课时经常提到——老板的价值观。心被利益和欲望驱使时，价值观就被蒙蔽了。他们不仅会违背社会法，甚至违背生命法。就如那些捕捉、销售还有吃野生动物的人一样，它们的价值观都是被蒙蔽的，甚至没有底线。这样的人有两种原因，一种可能自身文化水平很低，没有接受正规的教育，这时雇主还有整个渠道上与其接触的人就有义务和责任去传递正确的价值观。而另一种就是明知不可为而为之的人。他们一定也会活在不安全感中的。所以，身心合一的人不仅履行自己的工作职责，而且是遵循生命法、遵守社会法，拥有正心、正念、走正道和行正行。这样，无论是商业市场还是家庭环境，我们都能营造良性的氛围，让自己和消费者，让自己和家庭成员都拥有安全感。"杨老师说。

"也就是说，真正的安全感小到家庭、大到商业我们都应遵循生命法，遵守社会法。拥有正心、正念、走正道和行正行，获得身心合一？"

"是的，不仅家庭、商业，其实国家也是如此。比如汽车 ISO 安全标准越来越严格，国家也在不断加强空气和汽车尾气的治理。为了提升个人诚信体系，很多大公司开始逐渐建立个人征信系统。我们能够看到的都是国家给我们未来塑造安全感的表现。因此，想要真正的安全感，身心合一内心充满正气外，我们还要相信国家。"杨老师说道。

"看来，我们还需要从个人做起。当我们自身拥有真正的安全感时，我们就能为社会贡献一份力量。如果每个人都能拥有真正的安全感，做身心合一的事情，我们就能够活在一个幸福和谐的社会里。"我说。

"只要我们拥有根植于正心、正念、正道，正行自己的梦想和使命，我们就能拥有真正的安全感。"杨老师接着说道。

此时，我觉得自己应当时刻警觉地问自己，现在的我真的感到安全吗？还是不自觉地陷入一个新的不安全环境中，进入了恶性循环的"假象安全感"？

这是我避免自己掉入"假象安全感"中的有效提醒方式。

对于本能安全感，其实活在一个安全的环境里，每日可以获得干净温饱的食物，保暖的衣物就可以获得满足。此时，渴望爱，渴望为社会创造价值，渴望拥有更多物质会随着本能安全感的满足而不断提升，甚至超越本能安全感的需求。

一旦这种需求被利益和欲望驱使时，我们的心会膨胀，价值观会被蒙蔽，做出自己都意想不到的身心不合一行为，因而时常感到缺乏安全感。

我坚信，真正的安全感从来都是从内心获得，并体现在我所做的每一件事、履行每一个角色的职责中。

生活中，房子让我有所归属，但是让自己的生活充满爱并且在自己的角色上履行职责经营好这个家庭，那么房子大小合适，在自己的经济能力范围内够用就好，这才是我真正的安全感需求。

出行中，拥有自己的车子让我方便，但是交通工具在我可以承受的经济能力范围，并拥有安全行车的意识、专心驾驶，才是我真正的安全感需求。

从事一份职业，寻找到自己的梦想，跟随自己的内心，把每一个岗位都当职业来做，把每一份职业都当事业，把每一份事业都当使命，当生命来做，身心合一地去完成自己具有使命感的价值创造，才是我真正的安全感需求。

己所不欲勿施于人，心正则身正。从自己做起，相信国家，我不仅会拥有来自当下的本能安全感，还会拥有对未来的真正安全感。而我的生命也会因自己身心合一的状态而感到阳光明媚。

"裸辞"后的三个月内，我真正回归家庭的角色，即使没有稳定的收入来源，但当我每天把时间和精力花在家的维护和打造上时，我真实体会到了过去在家庭角色上缺失时没能体会到的内心安全感。

我终于明白了，如果我想拥有真正的幸福和安全感，我就必须把这些之前不会或者缺失的事情重新经历和体验。这样，我会发现曾经渴望的安全感都是假象，而如今因看见自己在家中因角色归位、履行家庭职责后经历和体验的一切，才会让我收获内心真正的安全感，并拥有与过去打拼事业时同样的价值感。

你的练习

1. 假象安全感和真正的安全感

探索者	安全感现象	安全感需求	假象安全感	真正的安全感
周卉	婚姻解体	原生家庭安全感不被满足 渴望拥有自己的家 到年龄生小孩	事业独立赚钱 学习各种知识	男人做男人的事 女人做女人的事 正心、正念、正道

（说明：读者用铅笔做自我练习）

2.参考填写"我、身、心、灵",觉知从探索之前的身心灵不合一状态变成合一状态的工具。

全息心理健康

觉： 到了年龄要生小孩
价值观：我想有个家
情 绪：依赖、失落、抱怨

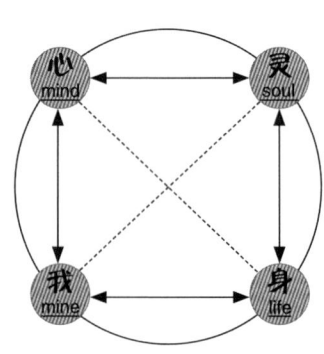

全息伦理健康

姓名：周卉
角色：妻子、母亲
关系：夫妻关系、亲子关系

全息精神健康

念： 成家立业
使命：建立真正的安全感
信仰：夫妻同心、其利断金

全息身理健康

性别特质：女性
体质：孕育生命成为母亲
身相：独立自主的职业女性

———— 读者用铅笔做自我练习 ————

全息心理健康

觉：_____
价值观：_____
情 绪：_____

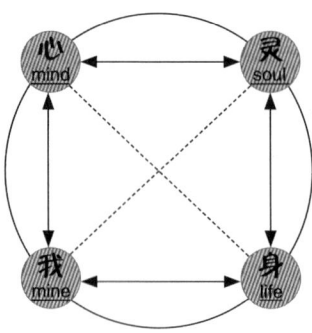

全息伦理健康

姓名：_____
角色：_____
关系：_____

全息精神健康

念：_____
使命：_____
信仰：_____

全息身理健康

性别特质：_____
身相：_____
体质：_____

觉知恐惧

恐惧是你能力唯一的限制，战胜它。

内心安全感总会伴随外界事物的变化而令我再次感到不安。我带着不具备安全感的自己从原生家庭中走来，又走入再生家庭。但我认为，父母或者丈夫都不是我抱怨的对象，因为我还要面对诸多外界事物的变化。当它们都有可能是我不安全感的来源时，它们也应该可以成为我获得安全感的机会。关键是，我得看见内心安全感背后的恐惧，并成为那个战胜恐惧的人。

电影《阿凡达》中杰克·萨利与锤头兽的战斗还没开始就结束了，但接下来似乎要面临更具危险性的挑战。那么，这个挑战会不会是探索自己突破的关键？我又会不会在这个突破的过程中找到战胜恐惧的力量呢？跟着电影继续前进吧。

杰克·萨利也感受到了背后的威胁。一转身，看见了身后潜伏的动物——闪雷兽。

这时，闪雷兽张开大大的嘴巴，凶猛地吼叫。接着，一个纵身从杰克·萨利的头顶跳跃到锤头兽的面前，吓退了锤头兽后，也止住了一群锤头兽的脚步，令他们站在原地一动不动。

杰克·萨利再次做出拿起机枪防卫的动作，准备瞄准射击。而旁边的格蕾丝也有些惊慌失措。

杰克·萨利接着问格蕾丝，说："怎么应付这种？跑还是不跑？"

"跑，当然要跑啦！"格蕾丝惊恐地对杰克·萨利大声说。

吓退锤头兽的闪雷兽转身面向杰克·萨利的同时，格蕾丝的话音也刚落。杰克·萨利立刻奔跑了起来。而闪雷兽也马上反应，四条腿稳健地冲了上去，扑向杰克·萨利。

电影这个部分很紧张。我可以感受到杰克·萨利在吓退锤头兽还有些得意时，面对背后突然出现的闪雷兽不知所措的恐惧感。

"杰克·萨利看见锤头兽的时候还只是举起机枪，但看见闪雷兽时却开始奔跑。投射的是当安全感暴露后，真正隐藏在背后的是恐惧。这时，杰克·萨利的第一反应是跑，所以，闪雷兽投射的是恐惧，而跑投射的是人面对恐惧时的第一反应——逃避。"杨老师说。

的确，内心的不安会产生恐惧，一旦恐惧就会想要逃避，但越逃避就越害怕，越害怕也就越恐惧，令我陷入不安和恐惧的恶性循环中。

那么，逃避后对我们来说会存在什么隐患呢？跟着电影我们继续探索。

在潘多拉星球的丛林里，杰克·萨利的身形比闪雷兽小多了。因此，在逃跑穿越竹子、树木时要比闪雷兽要容易很多。

这时，闪雷兽一边快速清除面前的各种障碍，一边对杰克·萨利穷追不舍。就在闪雷兽离杰克·萨利越来越近的时候，杰克·萨利直接钻进了一个大树根部的树洞里。

对躲藏在大树根部的杰克·萨利，闪雷兽不断探头往里钻，同时爪子也在不停地刨树皮和土壤。直到它找到一个有些松动，并且不太粗的树根，用爪子拔断了后，给树洞制造了一个大的缝隙。

无处可跑的杰克·萨利对着闪雷兽，给机枪上了膛，开始扫射闪雷兽。

就在猛烈的火力扫射时，杰克·萨利的子弹却用完了。被激怒的闪雷兽以迅雷不及掩耳的速度通过大缝隙把杰克·萨利的机枪咬了出来甩在一边。看到这种情况的杰克·萨利愣了一下就马上反应过来，找到机会朝外跑去。

"杰克·萨利面对闪雷兽的穷追不舍，最终跑到了一个大树根部的树洞里。躲避的树洞投射的是更深的恐惧。接着，杰克·萨利用机枪扫射闪雷兽，激起闪雷兽的愤怒，闪雷兽不停地想要摧毁树洞，投射的是人在面对恐惧时，会又想防御，又想突破时内心不断的挣扎！而这一整串行为投射的是恐惧来临时，我们越逃避便会越恐惧，并带来更大的恐惧，让自己紧张又混乱。"杨老师说。

这个精彩的部分，如果是看电影眨个眼就过去了。而生活里面对恐惧，如果下意识习惯逃避，就会处处碰壁，把生活变得煎熬和困难重重。这就是逃避恐惧会存在的隐患。

"杨老师，那恐惧可以被战胜吗？"我说。

"当然可以。面对它，把恐惧变成力量，就能战胜自己，成为赢家。你接着看杰克·萨利是如何战胜的？"杨老师说完，开始继续播放电影。

这部分电影的解读会像电影情节一样紧凑有序。

刚刚爬出树根的杰克·萨利，手脚并用立刻跑了起来。但他还没来得及提速，闪雷兽就一个飞跃扑身，从后方紧紧咬住杰克·萨利的背包，把杰克·萨利连人带包一同甩向天空。

而此时，杰克·萨利继续寻找希望。他毫不犹豫地把背包扣在腰间的扣子解开，然后从背包中解脱出来，趁着闪雷兽的甩动，他摔在地上，爬起身继续奔跑！

"这里我看到杰克·萨利被闪雷兽咬住了，但因为咬住的是背包，所以急中生智的杰克·萨利解开包后又逃脱了，继续奔跑。"对着电影我对杨老师说。

"杰克·萨利丢掉包投射的就是丢掉了包袱。这是战胜恐惧最关键的一步。其实告诉我们的是取舍。当我们感到不安时，面对恐惧是接纳、放下；还是选择逃避，被恐惧紧紧抓住；决定了我们能否战胜恐惧！那么，周卉你在婚姻中渴望家的不安全感背后的恐惧是什么呢？你要不要战胜它呢？"杨老师给了我一个开启过去经历的窗口。

而我，也开始进入回忆中看见自己的恐惧究竟从何而来。

我还记得自己刚开始学习亲子咨询时，课堂上进行过一次探寻原生家庭关系的父母对视练习。

那天，参加培训的学员分成两个同心圆找到对应的伙伴，面对面站立。老师指引外圈的伙伴先扮演儿女的角色，而内圈的伙伴对应扮演父母的角色。接着，在音乐的韵律下，跟随老师的引导语，我看着扮演父母角色人的眼睛，大脑慢慢进入了投射的状态。

当我看着对方的眼睛，把对方想象成父亲时，内心泛起酸楚的滋味。那时，父亲已离开五年，但我心里对他始终放不下。

当我越专注地看对方眼睛时，就越会投入到对父亲的思念中，难以自拔。此时，眼泪很想夺眶而出，但大脑却不断告诉自己不要哭！

接着，我看着对方的眼睛，把对方想象成母亲时，感受母亲是那么的善良和慈祥，心里面唯一想做的事情就是拥抱母亲。但我却记不清母亲拥抱我是什么时候的事了。我很想和母亲有身体的接触和拥抱，以让我收获巨大的力量，也拥有精神的支柱。

练习结束后，老师要我们把练习中看见和觉知到想和父母亲说的话和想做的事情，回去实践，然后第二天分享。

带着这个作业，我回家了。我要完成拥抱母亲的作业。但直到第二天早上，我还做不到，像个没完成作业的学生一样，再次回到了课堂上。

分享作业时，我故作轻松地说："我想要和母亲拥抱，但是母亲在我身边来来回回几次，我都不敢做。所以，我没有完成作业。"此时，我真实的内心是沮丧的，甚至感到委屈。"想做就去做，没关系，明天再尝试。不要怕！"老师给我了鼓励，让我从沮丧中看到了阳光。

做一件事情感到害怕，没有勇气，是我常有的状态。思前想后久而久之就变成了优柔寡断的性子，或者敢想敢做又有点鲁莽自我。

我想起那天想和母亲拥抱时，自己的脑海里把想说的话打了很多次腹稿，把画面和场景在内心里和脑海里，回放了很多遍，却在要做的时候，始终做不到！

第二天我重复上演了第一天的内心状态，为了完成作业，终于鼓起勇气迈出了这一步。那天，我在即将出门时，对母亲说："妈妈，我想要你抱一下我。我都不记得你有多久没有抱过我了。"清晨正忙活家务的母亲，听到我的话，手里还拿着要晒的床单，感到不知所措。母亲走过来，因为腾不出手，我便只能给了她一个单向拥抱。

说完该说的话，我深呼吸了一口气。可眼泪已经在眼眶里打转。这是我预演画面里没有想到的，我有些害怕和纠结。母亲对我的行为感到纳闷，说："好了好了，怎么今天想要拥抱了，有什么事情吗？没事的，妈妈也不都是坚强着这么过来的吗？"显然，妈妈有些不习惯我的"软弱"，而我也看到了母亲湿润的眼眶。

反复琢磨、反复预演的突破和挑战，让我和母亲的拥抱，仿佛上演了一个世纪的剧目一样漫长。延伸到亲密关系中，让我对拥抱和身体的接触感到抗拒和恐惧，但内心又拥有陪伴的需求和渴望。

我从小十分倔强，但是又充满了不添乱的安静。这种矛盾的性格在倔强的时候我就想通过强烈的行为表达自己被关注的需要，而安静的时候又想表达自己陪伴的需要，当这些需要不被父母们看见的时候我就感觉自己不被爱，缺乏安全感。同时，我也更感觉到了孤独的恐惧。

"杨老师，我居然恐惧和母亲拥抱！但我和孩子却很容易做到，这是为什么呢？"回忆后我对杨老师说。

"老师给你说一个故事。一位母亲带着女儿走在街上。这时，女儿说：'妈妈，妈妈，我能养一只宠物吗？'妈妈听后好奇地问，为什么你想买宠物呢？"说到这，杨老师顿了一顿问，"你觉得小女孩想要买宠物的原因是什么？"

"应该是女孩喜欢宠物吧，女孩很有爱心。"我下意识地回答。

"再想想！探索，要体会每一个事件表面背后的真相。表面的现象是假象。虽然女孩要买宠物，表示她喜欢宠物，有爱心，但这就像我们感觉买了房就有安全感一样，都是假象。如果不能透过现象看本质，透过本质看真相，就无法了解真正的内心需求和情绪。"杨老师说。

我放下大脑里的思考和评判，把自己想象成小女孩。

我思考着"宠物可以给小女孩带来什么呢"，宠物相当于小女孩的伴，它们可以无时无刻地陪伴小女孩。于是我对杨老师说："小女孩想要买宠物的需求应该是陪伴！"说完，我继续思考，"可陪伴需求的背后，小女孩的真实情绪又是什么？"宠物可以陪伴小女孩一起玩耍。但宠物不是人，它只能倾听小女孩的心事，却不能给予。那么，陪伴需求背后的核心真相是……

"小女孩想买宠物的需求是陪伴，陪伴是本能安全需求，而安全感的背后……应该是恐惧！"我兴奋地对杨老师说："对，小女孩的真实情绪应该是恐惧！"

我想起自己也曾养过宠物，那是在小学时候买的小黄鸭，还有小白兔，但是我养不活它们，看着它们死去又觉得伤心就再也没养过。后来儿子也和我说过它特别想养小狗，并且常常看到养狗养猫的朋友就会主动过去想要和它们玩。

我这才感到自己不仅没有看到自己的需求，也没有看见过孩子语言背后的需求。并且这最本质的原点居然是恐惧。

"很好，你看见了。那么，现在你就可以思考自己想抱母亲却为什么做不到了。"杨老师慢声细语地说。

我想到自己原生家庭里，父母对我的教育是矛盾并充满争吵的。我在父母之间难以做出选择，因为恐惧选择一方而被另外一方责难。所以，我养成不做决定的习惯，并且火烧眉毛了我一样会对事情不急不缓，箭在弦上实在不得不做决定了，我才会被迫做出犹豫的决定。拥抱母亲时，我就是内心出现了这样的纠结。

我对杨老师说："我想是因为一方面我内心渴望和需要被爱，但母亲的严格和权威让我觉得展示需要是弱小的表现。所以，我的纠结让我感到不安全，跟着想要逃避。但本质是因为恐惧。"

"所有的恐惧其实都是我们想象出来的。你看，当我们听到天上打雷了，马上会想到要下雨了有没有带伞。而雨突然哗哗下下来后，所有的人都在街上跑，四处找寻地方躲雨。跑，就是恐惧，但不是恐惧淋雨，而是恐惧淋雨后一连串关于会感冒、发烧、上医院花钱、请假耽误工作的系列想象。避雨然后马上确认是否带了雨伞就是寻找安全感的行为体现。但是，你想所有的淋雨都会如想象一样发生一系列的问题吗？"杨老师说。

"其实不会，那只是人们的经验判断。人的体质不同其实并不一定都有这些事发生。比如我淋雨后就没有发生过这种现象。"我说。

"因此恐惧有想象恐惧和真实恐惧。想象恐惧在潜意识层面，它没有时间概念。但如果我们通过经验从意识层面向它传递了恐惧的信号并停留超过17秒，它就从潜意识会变成意识，在某个时间点以人事物的方式变成真实恐惧。所以，总想象恐惧是会心想事成的。不停地想象恐惧我们就会成为想象恐惧到真实恐惧循环的实践者。如果想要改变这个循环，就请停止在想象恐惧中自己吓自己。现实中的恐惧并没有那么多。"杨老师说。

"杨老师，您这么说是不是意味着恐惧本身并不可怕，可怕的是我们想象的恐惧？"我说。

"是的。不断强调自己身在恐惧中痛苦不堪，没有任何希望，我们就会成为想象恐惧变成真实恐惧的验证者。反之，改变自己面对恐惧的态度就会拥有面对恐惧的力量，战胜它！你第二次拥抱母亲的时候，不是也做到了吗？"杨老师说。

"是啊，当我最后拥抱母亲时，所有发生的一切都和我想象的不一样。困扰我的恐惧的确是我的想象！那我们有没有战胜恐惧的办法呢？"我说。

"只要活着，恐惧会永远陪伴你。"杨老师笑笑说。

"什么？"

"但我们可以利用恐惧！过去，人类恐惧黑夜，科学家就发明了电灯；有了疾病，就发明了医药；距离远，又发明了汽车、飞机等交通工具。恐惧坐飞机不安全，还发明了降落伞。这些发明，都因恐惧而发生，因为恐惧本身也是一种力量。"杨老师说。

"也就是说,利用恐惧的力量而不是逃避恐惧,我们就能够战胜它？比如，当我逃避时我就会认定母亲的威严不可逾越，我把它想象成了一个庞大的阻碍，越逃避就对阻碍冲击力越大，我用蛮力对方也会反弹，但都是我的想象。如果我利用恐惧时我会只把母亲当母亲，而我是女儿，女儿抱母亲就像我抱自己的儿子一样，我们是亲子关系，事实本就如此。如果我能够通过拥抱让母亲看到我的需要，就可以更好地修复我和母亲之间的关系。"我好像想明白了，对杨老师说。

"对。反复地关注和重复地想象恐惧，它就会控制我们想要逃避。而积极地面对，接受恐惧的存在，其实就是面对真实。这时我们就能战胜恐惧，利用它转换成力量。电影里，杰克·萨利战胜恐惧的力量表现得淋漓尽致，我们进入电影来看吧。"杨老师说。

跑着跑着杰克·萨利跑到了悬崖边，他不假思索地就从悬崖上跳了下去。闪雷兽还想一个飞身扑过来，但是杰克·萨利的身体已经开始下坠，即使闪雷兽半个身子都已经扑出去了，也没有能够抓住杰克·萨利，就这么让杰克·萨利跑了。

杰克·萨利掉下悬崖，掉入深谷的水潭中。因为重力他一下子坠落到了潭底，然后又奋力游出水面。游出水面的杰克·萨利赶紧吸了几口空气，抓住一根在水中的树根缓一口气，顺着水流的方向朝岸边游过去。爬上岸，杰克·萨利朝刚刚跳下来的悬崖望去。闪雷兽还在悬崖边吼叫，来回踱步，但它已经无法威胁到杰克·萨利了，这让杰克·萨利松了一口气。

"杨老师，当杰克·萨利跳下悬崖时，我感到如释重负一般，什么都不需要再顾及了，充满了自由洒脱的快意！痛快极了！"我对杨老师说。

"这种就是现实中战胜恐惧、放下包袱时的感受。"杨老师说。

"杨老师，安全感和恐惧总是相互伴随。那么，恐惧是否也是与生俱来的呢？"我问。

"恐惧也是与生俱来的。从人类要生活并和猛兽对抗，解决饥饿开始，恐惧就存在。这是生命拥有本能活着的欲望和肌体本身的需求。而人生来就有的忧患意识和自强不息精神，是人拥有战胜和满足潜意识里原点恐惧的原动力。"杨老师说。

"那么，我找到了自己从原生家庭中带来的恐惧原点。我在婚姻里面的安全感问题，应该也伴随恐惧，我该如何战胜它呢？"我说。

"普遍现代人都会因为恐惧而需要安全感保护。因为我们怕贫穷、怕疾病，甚至怕被看不起。具体到女性，在婚姻里恐惧带来安全感保护的表现，就是想要经济独立，觉得向男人伸手要钱没面子。"杨老师说。

"向男人伸手要钱很没面子！"杨老师的话直击我痛处。

我和所有女性一样。我过去和丈夫在家庭中的经济都是各自独立。

我从来没有想过依赖于丈夫或者寄托于他。有时，他该负责的开销，因为延迟或者忘记，我都会感到极度没有安全感，转而不由分说取代了他应承担的职责。恐惧，让我把所有事情都扛在自己身上。

我和所有女性内心一样都极为敏感。一旦丈夫有些风吹草动的事情或者开玩笑、随口说了一句不中听的话，我就会联想成丈夫不爱自己，接着感到备受伤害。尤其当丈夫说一些乱花钱的话，我就会认为丈夫瞧不起自己，觉得一定要自己独立才可以。

"这里其实还是和角色本分有关。女性经济独立没有对错，但女人永远不要因为自己成功了就去否定男人甚至代替男人的角色。婚姻中树立好自己的底线和原则，做好自己用爱和行动去影响对方，而不是教育对方，才能在建立自己真正安全感的同时，把恐惧转换成一种力量。"杨老师说。

"杨老师，那我该如何做呢？"

"首先，我们要懂得。男人把女人娶回家，就是要养家。娶了女人回家就应该养，如果男人出现不愿拿钱就要立即纠正。这就是底线。但是，女人要注意，如果男人本来收入不高，就想要公婆的钱。这样的想法动机也是错的。所以，我们首先明白，女人向自己的男人要钱天经地义，但是也要懂得适可而止。"

"其次，对于恐惧，我们要学会接纳。有人觉得接纳就是你有什么问题，我就不理你。这种行为表现的是容忍，不但无法解决问题，还会在某一刻让问题再次更猛烈地爆发。真正的接纳是把对方当成一个普通的、中立的生命个体，我们本来就是不同的，所以不存在是非好坏。这时，对方如何，我们自己都很好，接纳他人与自己的不同就是一种内心富足的状态。所以，接纳恐惧就是我们要承认，恐惧是人体所有能量中的一种能量，不要试图区分好坏。抗拒它，它就变成坏的反过来抵抗你，而接纳它，恐惧的能量就会和其他能量一样在你的身体里，和其他能量融为一体，从你的想象中慢慢消退，从内心生出力量。"

原来我一直误解了接纳，在关系中，我常常和他人冷战并且逃避面对，然后到了一个时间点，我便会把情绪爆发出来，让人感到害怕。而它都是抗拒、逃避和与恐惧对抗的表现。

"除了接纳，过好当下也是我们面对恐惧的力量。开心、信心和恐惧都是一种能量，不要试图区分对错。我们在帮助他人时，树立一个坚定不移的目标时，都会因为拥有正面的能量而帮助我们面对恐惧。甚至如果内心对未来是充满希望的，也会成为我们面对恐惧的力量。"杨老师说。

最初，在原生家庭中带着面子、隐私进入婚姻，不仅让我处处感到不安全，而且实际上让恐惧成为了主角。所以，即使拥抱母亲这件小事，我都没有能力做到。

恐惧成为限制我一切的阻力，越是抗拒，越逃避就越是恐惧。越是纠结、越是矛盾就越是在想象恐惧中犹豫不决。越是想象恐惧就越活在了把想象恐惧转换成真实恐惧的循环中。

恐惧永远存在，战胜它，从接纳、过好当下的真实生活开始，让内心真正的安全感与恐惧并存，利用恐惧创造未来，我才会逐渐看见自己的无畏精神。

你的练习

1. 面对恐惧

探索者	假象安全感	想象的恐惧	真实的恐惧	面对恐惧的方法
周卉	宠物陪伴	不值得被爱、被忽视	父母陪伴较少	放下包袱、接纳恐惧、过好当下、充满希望和信心

（说明：读者用铅笔做自我练习）

2. 参考填写"我、身、心、灵",觉知从探索之前的身心灵不合一状态变成合一状态的工具。

全息心理健康
觉： 孤独
价值观：不值得被爱
情　绪：紧张、恐慌

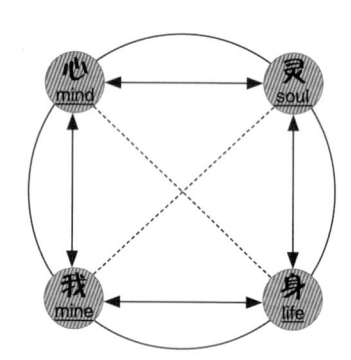

全息精神健康
念： 弱者
使命：努力获得关注
信仰：独立自主

全息伦理健康
姓名：周卉
角色：女儿
关系：缺失亲情

全息身理健康
性别特质：女性
身相：特立独行
体质：亚健康

———— 读者用铅笔做自我练习 ————

全息心理健康
觉：＿＿＿＿＿＿
价值观：＿＿＿＿＿＿
情　绪：＿＿＿＿＿＿

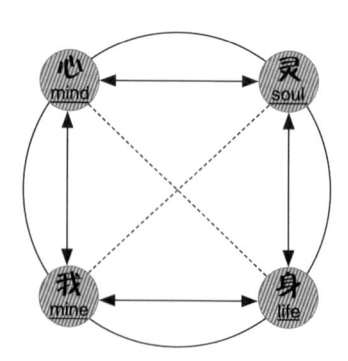

全息精神健康
念：＿＿＿＿＿＿
使命：＿＿＿＿＿＿
信仰：＿＿＿＿＿＿

全息伦理健康
姓名：＿＿＿＿＿＿
角色：＿＿＿＿＿＿
关系：＿＿＿＿＿＿

全息身理健康
性别特质：＿＿＿＿＿＿
身相：＿＿＿＿＿＿
体质：＿＿＿＿＿＿

觉知无畏

人不是生来就平庸，而是缺乏无畏逐渐变得平庸。

从纠结、胆怯、懦弱的恐惧模式中走出来的瞬间我是兴奋且勇敢的。于是，我很想挑战自己，去做曾经不敢也不想的事，并还想为自己创造一些挑战机会。如果通过了创造和挑战，我的人生就会迈向一个崭新的层面。但如果我能再有无畏精神作为助燃剂，一切就完美了。

电影中，杰克·萨利所遭遇的困境显然比我探索自己的处境要惊险多了。也正因为这种惊险，我们的投射才更具意义和价值。因为电影画面会冲击我们的感官，刺激我们的神经，令我们在探索中回忆起令自己最深刻却早已忽略的记忆。接下来，杰克·萨利在战胜恐惧后会如何面对呢？我们马上进入电影。

杰克·萨利跳下悬崖后，掉入一个深潭。

当他从深潭爬出时，顾不上身上湿漉漉的外衣，心中对闪雷兽刚才的追捕还有些后怕。

他找到一根树枝，一边警觉地看着四周，一边用随身的军刀把树枝一端削尖作为武器。武器做好了，杰克·萨利手握着它在阴暗的森林中，伴随各种动物的叫声警觉地向前行走。

天色还没有黑，但茂密的森林却只能看见微弱的光线。这时，在丛林大树的一个树干上趴着一个人。她透过树叶的遮挡看着杰克·萨利，手中拿着弓箭，正寻找机会向杰克·萨利射出弓箭，捕捉它。

"现在我们看到的是电影的女主角，奈蒂莉。她居住在潘多拉星球，是纳美部落领导人伊图肯和精神领袖莫娅的女儿。为了保护自己的家园，她成为一名勇敢的女战士。而奈蒂莉投射的是'真我'，是大脑潜意识里面的我。"杨老师对着电影说道。

电影这部分，出现了很多关键的人物投射，因此暂停解读的频率会很高。

找准角度，奈蒂莉正准备拉开弓箭射向杰克·萨利，一个白色拥有很多触角的精灵缓缓地从奈蒂莉的眼前，一伸一缩地飘了过来，落在了奈蒂莉的箭头上。于是，奈蒂莉小心翼翼地收回了弓箭，让它缓慢地离开。错过了射杀杰克·萨利的机会，奈蒂莉便离开了她栖息的那颗大树。

"电影中，这个多触角的精灵就是圣树种子，它是灵魂树的精灵，也是所有纳美人纯净精神的代表。圣树种子的出现，纳美人就要无条件地相信它的指引。所以，圣树种子投射的是'真我'精神是指引我们的唯一信仰。"杨老师继续说道。

飞行器在潘多拉星球的空中盘旋飞行，格蕾丝用望远镜试图搜索杰克·萨利的踪影，驾驶飞行器的飞行员楚蒂说："我们必须返回,未经上校允许,不得夜间飞行,这是上校的命令。"

眼看着太阳渐渐就要落山了,楚蒂告诉格蕾丝:"对不起,博士,他要撑到明早。"

格蕾丝说:"他不可能撑到明早。"

说完,楚蒂驾驶着飞行器折返回基地,消失在了天空中。

"格蕾丝在和杰克·萨利一同面对闪雷兽时在逃跑中走散了。因为规定不允许夜间飞行,他们便返航了。这个情节投射的是当我们不能战胜恐惧而选择了逃跑时,我们就会被恐惧打败。对应探索来说,就是如果探索不能坚持下去,半途而废了,我们会回到自己原来的模式中。"杨老师说。

探索自己,要是没有坚定和强大的内心,我们就回到原位。

这时,我想起记录探索时重复修改和校对的状态。我发现自己每重复修改一次,就需要重新连接一次,每重新连接一次,就会出现新的经历和记录。有时候是痛苦的、有时候是兴奋的、有时候又是愉悦的。

而这也意味着,对电影投射任何一次探索记录的结束,都不是真正探索的结束,因为探索自己从来不是一瞬间就能完成的事情,它可能需要一辈子。但是只要我们去做了,哪怕只是偶尔一次,都会给一辈子带来改变。

所以,一点点地提升并持续坚持,不论我是在某一天收获豁然开朗的感觉,还是在某一天完全无法投入连接,那都是我最宝贵的经历和财富。

太阳下山了,森林里面的光线也越发稀少。

杰克·萨利打算把自己的衣服缠绕在的树枝一端,裹上森林里面可以燃烧的液体,用火柴燃起火把。然而,火柴在杰克·萨利的手里划了几下就是点不燃。

森林里动物的频繁叫声和走动的脚步声,让杰克·萨利感觉它们离自己很近,随时都会袭击过来。但杰克·萨利越着急就越是无法成功点着,恐惧带来的负面情绪让他变得急躁得很。

终于,杰克·萨利点着了火把。不远处一群野兽虎视眈眈地聚集在杰克·萨利面前,看着他。这个野兽长得有点像闪雷兽,个头比闪雷兽小点。

杰克·萨利举着火把开始后退,野兽却步步紧逼。杰克·萨利退得越快,它们也越加快脚步。同时,它们还有的往树上,有的在地面上,兵分几路向杰克·萨利靠近。

就在一个小小空地上,从几路包抄过来的野兽汇聚在一起,站在杰克·萨利的面前。杰克·萨利开始要面对一个兽群的攻击。

它们在杰克·萨利的四周四处游走,团团包围了他。而杰克·萨利只能拿着火把,360度地原地旋转,看着它们一边有些忌惮又伺机而动的样子。

此时,杰克·萨利耐不住性子了,他说:"我没时间陪你们玩,来吧!来吧!"

这个挑衅的话,让一只勇猛的野兽直接扑了上来。杰克·萨利用火把它打退了,紧接着另外一只又扑上来咬到杰克·萨利的火把,并从他手中抢走火把扔在了地面上。火把脱手后,杰克·萨利又拿出军刀来防卫,制服了再次扑上来了的一只。

就这样,兽群们接二连三地从不同角度位置向杰克·萨利发起进攻,杰克·萨利感觉有些招架不住了。突然,一只近身攻击杰克·萨利的野兽,把他扑倒在地。杰克·萨利躺在地上奋力地用双手阻止,如果稍微松一点劲,野兽随时就可能要了他的命,它们之间只有杰克·萨利手臂的距离。

"这部分出现的野兽叫毒狼兽。它长得很像闪雷兽，因为它是闪雷兽的近亲。"杨老师说。

"闪雷兽的近亲？闪雷兽是恐惧，近亲是？"

"'近亲'是恐惧之后我们的负面情绪。所以，毒狼兽投射的是恐惧产生的负能量。如同我们有了恐惧时会出现各种的消极情绪，比如抱怨、愤怒等等。同时它也是战胜恐惧的负能量残留，就像我们偶尔还会想起过去一些恐惧的事情，而感到纠结或者再次反思一样。"杨老师说。

"但是，杰克·萨利跳下深渊不是已经战胜恐惧了吗，还要再度战胜负能量？"

"是的。战胜恐惧是一时的，战胜负能量是永久的，所以我们需要拥有无畏精神。而杰克·萨利说'我没时间陪你们玩，来吧！来吧！'投射的就是战胜恐惧后，拥有无畏精神敢于面对挑战的样子。"杨老师说。

"无畏精神？是无所畏惧的无畏吗？"我问。

"对的。每个人的内心都藏着一个无畏。每个人生来都是带着无畏精神的原生态勇士，只是活着活着活成了'盗版'！"

"'盗版'？这个词挺新鲜，那我们是'盗版'的话，'原创'是什么样呢？"我好奇地问。

"你先自己找找，看你什么时候最勇敢且自信。"杨老师说。

我开始在大脑里以快退的形式回放回忆的录像。我想到了——是在舞台上！

> 最早我在舞台上表演并收获认可，是小学时候的一次唱歌比赛，我获得了二等奖。而我对于音乐的艺术启蒙源自我的父亲。
>
> 父母告诉我，婴儿时，父亲就在舞台上一手抱着我，一手指挥乐队演奏。我不仅不吵不闹，还一副很开心的样子，在父

亲的臂膀里欣赏交响乐的演奏。所以，小时候我就开始唱歌、练琴。而我的乐感特别好，非常能够共鸣音乐流淌出来的情感，对于音乐也有种不一般的感受。

之后，我的舞台就搬到了幕后。

初中，我先是开始尝试写小品、排节目，练习文字表达能力和节目组织能力，高中我就去应聘校广播站播音员。

说起这个广播站的应聘还要提及我小学时候的一堂语文课。课上老师让班里的同学按照组的顺序轮流读自己的作业，当我和其他同学一样站起来朗读后，语文老师对我说："你适合做播音员。"就这样，做播音员这个种子就驻扎在了我的心里。也给我日后的舞台主持奠定了基础。

应聘上校广播站播音员时，第一天的新闻播报简直不堪回首。那天，我断断续续、生涩地读完了当天新闻时，浑身都是汗，脸和脖子也都如烫熟了一般。

做播音员，虽然别人只能听见我的声音，但因为表现太差，我还是觉得很丢脸，走在路上都觉得别人在嘲笑我说："这样的水平，还好意思当播音员。"

这时，我心想一定要练习如何可以拿到稿子就读得顺畅，并且还能声情并茂，于是，我向我的广播站站长请教。

站长教会我一目十行的浏览阅读方式，就是，嘴巴在读着目前这行字时，眼睛就要看到这行字之后甚至几行后的内容。当眼睛比嘴巴读得速度快，能够分身出两个自己，一个在读，一个在提前预习，这样就会朗读得很快。而情感，靠的就是自己对于文字的理解，以及生活的阅历和悟性。

学会了这些，我开始每天找文章来读和练，同时跟着音乐的节奏训练语言表达的语感。当我能够做到拿起任何一篇文章都能熟练朗读并且带有感情时，我的语言表达能力获得了很快的提升。拥有对看过内容以自己的语言方式表达出来的能力后，接着，我就代表学校到市广播电台写稿子做播音。

　　播音时，电台的主持人夸我的语言表达能力和情感都很到位，就是音色弱了一些。回想起小时候学声乐，再观察电台主持人主持时，会提前在喉咙里面用津液滋润口腔和通畅喉咙和鼻腔的习惯，我就偷偷跟着学。

　　幕后播音断断续续做了一年，一个节目的播出过程，包括稿件、音乐的配合和播出的进程把控，我都完全可以胜任。正在我意犹未尽时，转学让我在学校的播音生涯告了一个段落。

　　高中第二年，在新的学校里我直接竞选文艺部部长，开始了组织活动和舞台主持的生活。之后，我在职场里也经常活跃在公司的会议和活动中。但是真实的我在生活里却话很少，唯独到了舞台就像变了一个人。

　　曾经也有人说过我台上台下两个人。因为，我很享受舞台上全然绽放的自己，但不知为何，生活中的我却束手束脚无法绽放。

　　"杨老师，我能在舞台上准确表达思想，掌控全场时，就是我最勇敢和自信的时候！"说到舞台，我立刻就像被点燃的火苗一样，燃烧着热情。

　　"老师对你的印象，最深刻的就是在舞台上。你当时穿的是一件黄色的礼服在主持。"杨老师说。

我努力在大脑里回想。

"我想起来了,是2012年公司的年会。那年公司请了老师来参加。老师您居然记得这么清楚?"我兴奋又惊讶杨老师的超强记忆。

转眼七年的时间里,我和老师的联系几乎为零。可老师居然记得如此细致。这说明我在舞台上的绽放一定是夺目的,让人印象深刻的。

"可我不能总活在舞台上呀。舞台上的时间是有限的,生活却无期限。难道我只能舞台上光彩,生活上却失彩吗?"我说。

"自然我们的生活也要精彩。否则,追逐舞台光彩就又回到了追逐面子上。而这个生活的精彩,就需要无畏精神。因为人不是生来就平庸的,而是缺乏无畏逐渐变得平庸的。'盗版'就是平庸的你,'无畏'就是'原创'的你。"杨老师说,语气依然是十分平和。

原本我想知道"原创"是什么样的,但我想,我应该先知道我们是如何活成"盗版"的。于是问:"那我们是如何活成'盗版'的呢?"

"要问'盗版'的出处,来源就比较多了。父母、学校、社会、职业等,凡是我们与外在接触的人事物都有可能成为我们'盗版'的来源。"杨老师说。

我隐约感到,来到这个世界上没有和社会接触时,我们还拥有天不怕、地不怕的无畏精神。当我们从父母是我们的全世界到进入学校、社会后,随着"小我"的诞生,我们就开始往"盗版"发展了。

"所以,探索自己从面子、隐私、安全感到恐惧,都是在一点点从'盗版'还原回'原创'吗?"我问道。

"是的。每个新生命的来临都是'原创',却随着对正确家庭教育、社会教育和自然法则生命教育的缺失,而活成了'盗版'!"杨老师说。

看来"盗版"容易,"原创"不易。

"杨老师,那无畏精神能帮我们回到'原创'吗?"

"当然可以。我们必须带着无畏精神去找到'真我'。有句话叫'起心动念',心一动,念就起,结果就决定了。带着无畏精神找到'真我',我们要先起这个念。而念是由梦想决定的。每个人梦想都不同,但始终问自己为什么要这样做,初心要什么,'真我'最终会出现指引你带着初心去实现梦想,活回'原创'。"杨老师说。

如果说人的生活是由物质和精神构成的。外在物质的创造,在经济水平相同的情况下大家可以过相同的生活,但精神层面却决定了生活品质的不同,我认为,这种不同就是因为内心无畏的精神力量的不同。

曾经我在读书、演讲、旧物、亲子等市面上流行的学习类社群里学习。高峰期微信的未读消息,几分钟就冲顶上千条,同时微信好友与日俱增。但他们和我的关系,除了刚加为好友时模式化的自我介绍外,就成了陌生人。每天光应付消息,时间和精力就不够了,专注的深度思考和探索就更难了,毕竟生活中还有许多琐事需要忙碌。

"杨老师,迷茫时我们都会用'不忘初心,方得始终'提醒自己。但是外界一搅扰,就忘了。"我说。

"因为'不忘初心'的前两个字是不忘!潜意识里直接正面确认自己要的东西,去思考和行动才能找回初心。所以,能守正初心,牢记使命,跟随梦想,让境随心转的人最珍贵!"杨老师说。

"杨老师,找回初心,守正初心,才对得起自己找回'原创'时所经历的痛苦,这时无畏精神才意义深远啊。"我说。

"对!电影里,杰克·萨利先后遇上锤头兽和闪雷兽,这种艰辛和紧张刺激就犹如我们找回'原创'时所经历的痛苦。你看杰克·萨利是不是一直在拼命?命运是没空开玩笑的,所以我们要么为梦想拼命要么就妥协于命运!"杨老师说。

此时,奈蒂莉从树林的黑暗处冲出来,毫不犹豫地拉开她的弓箭朝杰克·萨利身上的野兽射过去,杀死了它。杰克·萨利坐起来，循着箭射过来的方向，看见奈蒂莉身手敏捷地从空中一跃而过，并朝着不同方向的野兽攻击，制服了这些兽群。

杰克·萨利，还在刚才被袭击的状态里，奈蒂莉就拿起杰克·萨利的火把扔到了水里，不等杰克·萨利阻止，火把已经熄灭了。

森林恢复了夜晚的黑暗。这时，奈蒂莉发现，还有一头正在垂死挣扎的野兽，走过去用手中的刀结束了它的生命，并口中念着如咒语一般的语言，直到确认它真正死去。

走到水里，杰克·萨利捡起树枝跟这个奈蒂莉往前走，此时眼前森林的枝叶都发出了非常漂亮的光，而他们每行走一步，双脚落下的地方都会亮起来。

"奈蒂莉射杀毒狼兽之后，杰克·萨利的威胁就全部消失了。投射的是'真我'出现时，我们会带着无畏精神消灭一切恐惧以及恐惧残留的负能量。之后，杰克·萨利和奈蒂莉一起走过的草地和经过的植物都带着光亮，投射的是恐惧和负能量消失后人的喜悦感。现实中，我们在冥想进入到潜意识时，是会看到光束的。因为潜意识都是光的元素，而实际上探索自己找到'真我'也都是光的修行。纳美人的脸上也都是有光点的，只有在愤怒时他们的脸上才会变成绿色。"杨老师说。

杰克·萨利和奈蒂莉说："好吧，我知道你可能听不懂，但是谢谢你。身手不凡，如果没有你我可能就没命了。"奈蒂莉为死去的毒狼兽念着咒语，拔出它们身上的箭随即便离开。

"等等，你去哪儿？慢点，我只想谢谢你帮我杀死了那些怪兽。"杰克·萨利追上奈蒂莉的步伐，并抓住奈蒂莉的手，想拉住她。却被奈蒂莉的一个抬手，仰身摔倒在了地上。

这时，奈蒂莉用手中的弓箭指着杰克·萨利说："不用谢，不应该说谢谢，这太可悲了，非常可悲。"

"好吧，对不起，我为我所做的道歉。"

"这都怪你，她们本来不应该死去。"

"怪我？是她们攻击我！怎么能怪我？"

"就怪你，你像个婴儿般呱呱叫，不知所措！"

"好吧，别激动，你爱森林的这些伙伴，那干嘛不让它们杀死我？为什么救我？"

"为什么救你？因为你很勇敢，无所畏惧，可是你很蠢，无知得像个孩子！"

说完便径直向前走。

"杨老师，当杰克·萨利问奈蒂莉为什么要救他时，奈蒂莉说因为杰克·萨利很勇敢，无所畏惧，投射的就是杰克·萨利拥有无畏精神吧？"对着电影这直截了当的台词，我立刻学杨老师解读了起来。

"是的。奈蒂莉的语言说得非常直接，这也投射了当人拥有无畏精神时，可以获得召唤他人帮助自己的能力，甚至可以逢凶化吉。"杨老师说。

当我跟随电影从杰克·萨利从战胜恐惧到让恐惧的负能量消失时，再反观自己过去的生活，我感到社会变化太快了，以至于我们常常都在恐惧和不安中小心翼翼地生活，同时在背离初心的路上越走越远。

上学的时候说读书是唯一的出路，一门心思学好知识就可以了。但长大了，读的书，学的专业既不能帮助我们在社会上干得更好，也没有能够从事自己专业的工作。

到了职场外，所有的人还要在八小时工作之后，追逐"斜杠青年"的称号，增加工作外的渠道收入。看到什么知识流行就要去学，学了一点皮毛稍微包装一下，就成为某某达人，笼络了无数的拥护者和追随者。

到了孩子，为了不输在起跑线上，从幼儿园甚至于更早就需要奔走在各种早教机构和培训班里。小学、初中、高中，所有的时间都沉浸在学校的功课和补习班中。忙着埋头其中就只能看到脚下的路，不仅忘记了来时的初心也忘记了抬头去看未来的方向。

所以，拥有无畏精神，我决定把自己喜欢的事做到极致变成事业，让这份事业成为自己的使命所在。我开始带着不断问自己文字对自己的意义，也不断确认成为心灵作家是不是自己想要的。每当我把文字书写下来时，这种不被时间遗忘的珍贵记忆，让我体会到用文字谱写不褪色历史的美好和快乐。

我开始退出了所有无关的微信群，也开始专注地把时间投入在写作和看书以及与梦想有关的事情上。一开始清净的状态会有些不适应，但随着时间的延长和持续地每日写随笔，持续地记录，无畏精神便带给了我从未有过的真正安全感和面对恐惧的力量，让我感到自己生来就不平庸。

你的练习

1. 找回"原创",拥有无畏精神

探索者	"盗版"的我	"原创"的我	梦想 / 初心	拥有无畏精神
周卉	迷茫、忘记初心 梦想模糊	充满自信和勇敢 在舞台上无限绽放	写作	不断探索和写作 把不可能变可能

(说明:读者用铅笔做自我练习)

2.参考填写"我、身、心、灵",觉知从探索之前的身心灵不合一状态变成合一状态的工具。

全息心理健康
觉： 自信勇敢
价值观：无所畏惧
情 绪：激情、兴奋

全息伦理健康
姓名：周卉
角色：挑战者
关系：淡水浓情

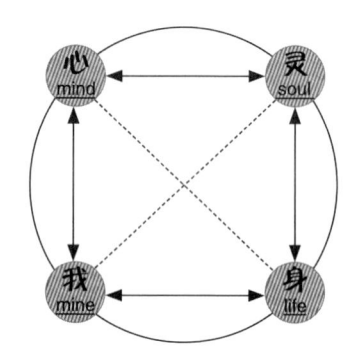

全息精神健康
念： 成功
使命：锲而不舍、自强不息
信仰：有志者事竟成

全息身理健康
性别特质：女性
身相：刚柔并济
体质：雌雄同体、以柔克刚

———————— 读者用铅笔做自我练习 ————————

全息心理健康
觉：＿＿＿＿＿＿＿
价值观：＿＿＿＿＿＿＿
情 绪：＿＿＿＿＿＿＿

全息伦理健康
姓名：＿＿＿＿＿＿＿
角色：＿＿＿＿＿＿＿
关系：＿＿＿＿＿＿＿

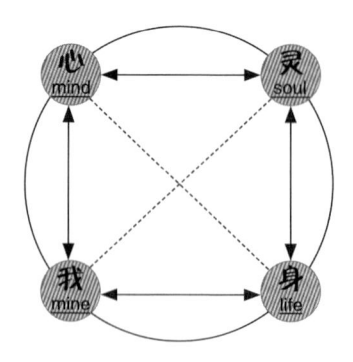

全息精神健康
念：＿＿＿＿＿＿＿
使命：＿＿＿＿＿＿＿
信仰：＿＿＿＿＿＿＿

全息身理健康
性别特质：＿＿＿＿＿＿
身相：＿＿＿＿＿＿＿
体质：＿＿＿＿＿＿＿

觉知家园

生命渴望回归，家园是灵魂唯一的栖息之所。

放下面子，释放尘封已久的隐私，战胜面对母亲的恐惧后，将一切恐惧残留的负能量消灭，我的生命因为无畏精神的再现而逐渐焕发光彩。我渴望修复"盗版"的自己，令自己"恢复出厂设置"，这时唯有家园可以帮助我回归。

杰克·萨利阿凡达的"真我"实体与投射"真我"的奈蒂莉相遇了。这意味着，曾受"小我"指引的杰克·萨利阿凡达离"真我"越来越近了。而我也想象自己离"真我"也越来越近了。此时，潘多拉星球的纳美家园发生了什么呢？而"真我"人的生活是怎样的呢？我们继续跟随电影探索吧。

杰克·萨利带着微笑，弯下身子捡起树枝，径直追上奈蒂莉的脚步说："如果我像个孩子，那你该教导我！"

"地球人学不会，你们看不见！"

"那就告诉我怎么才能看见。"

"没人能让你们看见。"

越说奈蒂莉越是加快脚步,想要甩开尾随自己的杰克·萨利。但杰克·萨利也加快步伐,紧追不舍。

"别这样,我们谈谈好吗?"他们正走在一个粗壮大树横卧的枝干上。

杰克·萨利问道:"你在哪儿学的英语,在格蕾丝办的学校?"

显然,行走在高空树枝上杰克·萨利不是强项,所以追赶奈蒂莉的速度越快平衡感越弱,摇晃的身体没站住,奈蒂莉转身抓住他,才免了他掉下树的危险。

"你真是个孩子!"奈蒂莉说。

"我需要你的帮助。"杰克·萨利一脸诚恳。

"你不该来这儿。"奈蒂莉依然态度十分坚定。

"带我走吧。"杰克·萨利再次诚恳地说。

"不!你回去!"奈蒂莉有些恼怒,说完继续转身向前。

杰克·萨利仍然想继续跟着奈蒂莉,却被奈蒂莉吼道:"回去!"同时用手回推杰克·萨利。

"当杰克·萨利紧紧跟随奈蒂莉一步也不离,并再三地恳求奈蒂莉带他回家时,投射的是杰克·萨利对于探索的坚定意志。探索自己是一场人生之旅,我们会经历无数次社会法与生命法之间的交锋,也会经历和体验无数次的连接不成功而产生挫败情绪,如果信念不够坚定,我们随时都会退回到原来'盗版'的状态,而与'真我'的原创自己失之交臂。"杨老师说。

电影中,杰克·萨利已经独自走上探索的旅程。这如同我写作时屏蔽社交的孤独时刻。我可以选择放弃,也可以选择继续看见自己。放弃了,意味着我将重新回到"小我"的世界,过着"盗版"的生活。而坚持下去,我便会在"真我"出现时,跟随它的指引,进入到更高纬度的自由状态，实现自己的梦想，活成"原创"。

显然，这是两条不同结果的路。

就在这时，圣树种子再次从天而降，并成批陆陆续续缓缓下落。奈蒂莉和杰克·萨利都惊讶了。

杰克·萨利还不知道这是什么，于是用手想要驱赶它们。奈蒂莉阻止了杰克·萨利。接着，圣树种子落在了杰克·萨利的身体上，越来越多，越来越多。奈蒂莉吃惊地向后退了几步，待杰克·萨利对她说话时，才回过神来。

"它们是什么？"

"它们是圣树的种子，纯洁的精灵。"奈蒂莉说。

杰克·萨利从手臂到前胸、后背、脖子还有头部，都被圣树种子包围了，圣树种子停留片刻后又集体飘走了。眼前的一幕让奈蒂莉简直不敢想象。

"怎么回事？"

"来吧，来呀！"奈蒂莉二话不说，便指引杰克·萨利跟随自己往前走。

杰克·萨利听话地紧跟其后，一边走着一边触碰发光的植物，充满了喜悦。

"快点。"奈蒂莉催促着，杰克·萨利立刻跟了上来。

"圣树种子的再次出现投射的是指引奈蒂莉看见杰克·萨利阿凡达灵魂里的'真我'，而不被'小我'指引下杰克·萨利的阿凡达所误导。而纳美人部落，投射的就是'真我'的家园，是心灵的归属。这说明，想要探索自己的人，必须带有强烈的意愿，才能找到自己的连接通道，拥有自己的生命导师，走上探索之路。同样，也只有自己的意愿足够强烈时，生命导师才会愿意指引我们踏上'真我'之路，回到'真我'的家园还原成'原创'。"杨老师继续说道。

  他们越走越快，杰克·萨利刚想问奈蒂莉叫什么名字。突然一根绳子发射过来将杰克·萨利的双脚绊住，奈蒂莉转身跑去，把绳索解开。

  三个骑着六角马的骑士过来。杰克·萨利见状，准备逃跑，可一转身就被四周都是同族的人群包围了。杰克·萨利双手举起等着他们动手，口中说着："好吧。"

  奈蒂莉跑过来说："大家别紧张，别紧张。"

  一名骑士从六角马背上下来走了过来。

  奈蒂莉问："你做什么，苏泰？"

  "这些魔鬼禁止来这里。"

  "刚才有启示了，关系到纳美人的精神领袖。"奈蒂莉向苏泰说道。

  苏泰看了看杰克·萨利一眼，又看了一下奈蒂莉，转身说道："那带他走吧。"

  接着骑上六角马，带着他的人压着杰克·萨利往前走。

"电影中，苏泰对杰克·萨利不友好的态度。投射的是探索，越往'真我'家园里深入，障碍会越大，痛苦会越多。所以，苏泰投射的是否定能量的实体，是现实中被负面情绪绑架的人。现实中，回到'原创'的'真我'之路，越往真相探索，我们越会因为未知和他人的不理解带来反复的情绪，令我们感到痛苦。但是，这些障碍，我们被其影响就变成了被负面情绪绑架的人，而不被其影响就需要坚定的信念。所以障碍是障碍但更是考验。"杨老师说。

苏泰的出现，让我看见曾经战胜面对母亲的恐惧之后，偶尔还会有的恐惧情绪残留在其他人和事之间发生的情绪扩散。它就像一滴墨水滴入纯净的水中，好不容易我们通过稀释把水变纯净了，但总感到不如最初纯净一般，心怀内疚和悔恨。一旦，我陷入这种反复的情绪中，我就在探索自己的路上变得踌躇，探索记录的速度也极为缓慢，甚至需要几度停笔来调整自己。

但真实是，它都是自己内心自导自演的剧目。他人只能看见自己奇怪的行为，不苟言笑的表情或者阴晴不定的性格。我是选择坚定信念，持续地去做，直到"真我"被探索出来，实现自己的梦想和使命，还是选择陷入自己的情绪中反复沉沦，也取决于我到底有多渴求知道"真我"世界的样子，以及进入"真我"家园。

于是，我对杨老师说："杨老师，'真我'世界，以及'真我'家园到底是什么样的呢？"

"'真我'是探索的目的地。拥有'真我'的人，都是'原创'的自己，所有人都充满爱，专注用心地做自己喜欢的事情，实现自己的梦想。他们对是非对错和善恶没有评判的兴趣，就像我们活在地球上，宇宙不论我们对它做什么，都始终如一的运转带给世界万物生机一样！而'真我'家园是一个创造爱、学习爱、成为爱的地方。在家园里我们能够进行'爱'的学习，勇敢地做'原创'的自己，心灵始终活在爱中。"杨老师说。

"那这是不意味着，我们应当回到'真我'家园里将这个'盗版'的自己回炉再造？"我说。

"没错！回炉再造一次'原创'。但是，你跟随杰克·萨利回炉再造时，你要先回忆自己'盗版'人生究竟是如何呈现的。"杨老师说。

此时，连续地探索我已经把自己能回忆下来的琐碎，像重播一样在大脑里重复了许多遍。一时间，要我回忆'盗版'人生的呈现，有点找不到突破口。

　　正当我有些迟疑和迷茫时，我想起'盗版'来自原生家庭，那么'盗版'应该也会复制到再生家庭的逻辑，于是我想我的孩子会不会'盗版'我呢？当这个想法冒出来时，加上家里恰巧发生的一件事，让我一下敲开了突破口。

　　有天儿子因为屡次上厕所玩手机，我就禁止了他当天触碰手机的权利。可他无视我的规矩，我一恼火，就让他去靠墙罚站！儿子带着愤怒和委屈的泪水走过去，这个场面让我的情绪受到了影响，于是拍摄了一段视频，发给了孩子的父亲。

　　我也不知道自己为什么要这么做，但这个行为显然激起了儿子更大的愤怒。

　　随着探索经验的累积，我觉知到自己的情绪和行为的不妥当。稍微平静一些时，我立刻调整语气，耐心地对儿子说："你现在有什么想说的吗？"

　　儿子保持沉默，却用十分愤怒又委屈的眼神看着我。我知道我问不出结果了，但尝试帮儿子表达他的感受。

　　我说："是不是因为妈妈刚才用手机拍视频给爸爸，你觉得怕被爸爸嘲笑，所以，很生气？"

　　这时儿子更委屈了，眼神里却明显有一种因为被理解而释放出来的柔和。

　　"我已经不让你拍了，你还要拍，你就想看我出丑！"

　　儿子生气地把他的想法说出来。原来，他是不想让父母看到他出丑的样子，觉得被父母嘲笑很丢脸。

　　为了让儿子感到被理解和接纳，并听到他的真实感受，我对儿子说："妈妈没有尊重你，把视频拍了发给爸爸，妈妈向你道歉。这样，你能原谅我吗？"

显然，儿子还沉浸在他的情绪中，嘴上表示可以原谅我，但行为上却还在抗拒。我继续说："我看到你说原谅我了，可是你的行为让我感到你还是有些委屈并且在拒绝我。我希望得到你的原谅，而不只是嘴上说说。所以，你能告诉我，我该怎么做你才能真正原谅我呢？"

儿子一直认为向我提要求实现的可能性太小了。所以，话语到了嘴边又吞了回去。见状，我开始耐心等待，坚持要让他愿意信任我。

终于儿子开口了："如果你不能把这个视频删除掉，你就要在30分钟内逗我笑！"

我以为儿子会要求我给买他心爱的玩具，却没想到儿子的要求竟如此简单，真是个纯真的孩子。同时，我也诚实地告诉儿子："微信超过2分钟的信息，不能删除了。所以，爸爸还是收到了，但应该还没有看。我已经删除了，我给爸爸打电话让爸爸也删除吧，这样就都不会有了。"

说到做到，孩子父亲也配合我，说当事情没发生过。终于孩子的情绪平复了很多。

这时，我希望让儿子能够了解父母对他的尊重和爱，所以，我对儿子说："儿子你记得，在家里爸爸妈妈都是最爱你的人，无论你做了什么事情，好的还是坏的，只要回到家来都可以和我们说，不用担心我们会嘲笑你。如果你觉得委屈了，生气了，像今天这样，你可以直接告诉妈妈。如果是妈妈不对，妈妈尊重你。而你也始终要记得，家才是能够为你遮风挡雨的地方！"

在我回忆时，仿佛在孩子身上看到了儿时的自己。孩子最初的情绪就是我儿时触犯母亲权威时，委屈和难过的样子。而我一开始的表现就是我母亲样子的复制。

当我改变自己的方式，尝试帮儿子表达感受后，僵局才得以打破。但我小时候却没有这么幸运。我感到自己说什么都会被母亲驳回，并且得不到母亲的耐心倾听。在长期各执己见下，我感到不被理解，就更不愿和母亲说什么了。

母亲也常说我有什么都不吱声，我自然知道母亲的脾气和对我的爱，如果我和她说，她定会为我出头冲锋陷阵，不让我受委屈。然而，我需要的却从来不是要母亲为我解决问题，而是想让母亲倾听，尊重我是个独立的人。

这种习惯到了工作中，就变成不暴露问题，只展示自己的功绩。如果问题不大自己能解决倒还不受影响，但如果问题太大我没有及时反应，企业发生了损失，这个责任就大了。过去工作中的同事，领导也提过，说我有什么事都不愿说，也不知道我在想什么，以为我都能解决，但有时候还是会有问题发生，因此产生沟通成本和障碍。

我万万没想到，孩子对我人格的复制就这么真实地发生了。如果不是在探索自己中发生；如果不是我觉知后，帮儿子表达了他的情绪和感受；如果不是儿子信任我，敢于说出来；以及我不断地觉察反思；少了任何一个环节，都会让我失去看见自己的'盗版'被复制的现象。

"杨老师，我的'盗版'人生竟然复制到了我的孩子身上。尤其在情绪失控问题上。"经历回忆完，我显然有点着急想解决问题，对杨老师说道。

"'盗版'复制的通常都是人格模式。老师在为企业做高级人才风险评估时，问得最多的都是家庭成长环境与角色关系。一个人如果他的家庭关系出现问题，也会投射到社会交际和工作关系上。而好的事业，所有投射出来的，也都是家庭角色与关系的良好。"杨老师说。

"杨老师，为什么'盗版'复制的是人格模式呢？行为模式不会复制吗？"

"因为我们每个人都是一个独立的个体。人格模式复制的载体是家庭关系教育，行为模式是我们自主意识的习惯和选择。有些人格模式会产生对应的行为模式，但并不是绝对。毕竟我们虽为'盗版'但也渴望活成'原创'，行为还会受'原创'影响，自然就不完全被'盗版'掌控。你看看你的小孩是不是也如此？"杨老师说。

我想起自己从小学习读书不说有多厉害，倒也没让父母太操心，放学就自觉回家写作业。我刚上一年级就当班长。而如今到了儿子，他没继承我任何优点，倒反而成了一个事事都要操心的孩子。

从儿子小学一年级开始，我就成了隔三岔五要去学校受教育的对象，这点行为并不像我，但是情绪化倒挺像。我想这就是'盗版'的人格和'原创'的行为组合吧。这时，我唯有尊重孩子是个独立行为个体的事实。此时，只要他的行为在正确的道路上，方向是对的，其实倒不用过于在意他用的是什么方法。如果太在意，就变成了控制。

"那么，'盗版'人格模式会有哪些体现呢？"我继续问道。

我记得在网络上，也有过一个类似的社会案例。一名五十多岁的"流浪大师"。当网传他满腹经纶，背景厉害却遭遇坎坷时，他自己站出来道明了自己悲剧人生的真相是——家庭关系教育。

他的家庭关系教育中，影响他最多的人就是他的父亲。小时候，他寄养在外婆家，父亲对他的强权，从对兴趣爱好的否定，到学校专业选择的强势要求，到工作的选择。他说他的父亲在以爱的名义绑架他。当他唯一做了一个自己认为有意义和价值的事情——捡垃圾时，却被单位当成了神经病送进了精神病院，关了三个月。

从此，他和亲人都不再有交集。他说："世上本没有垃圾，但是资源放错了地方就成了垃圾。"我认为他的这句话，既是对捡垃圾这件事的观点表达，更是对自己家庭出身环境，让他变成现在这样的控诉。他说，就连他的小学语文老师都能看得出来他有点压抑，然而他的父亲却对此没有丝毫的觉察，使他变成了偏执型人格。

"从心灵学的角度上来看，有人格缺陷的人会有自卑、抑郁、怯懦、孤僻、冷漠、悲观、依赖、敏感、自负、自我、多疑、焦虑或对人格敌视、暴躁冲动、破坏等行为状态和行为模式。一旦拥有这些缺陷，它们不仅影响活动效率，妨碍正常的人际关系，同时还会给人蒙上一层消极、阴暗的色彩。无论是'流浪大师'还是你自己，都存在一定程度上的人格缺陷。"杨老师说。

"那人格缺陷，可以通过探索去改变或者治愈吗？"我问杨老师。

"人格缺陷虽然是一种'病'，却可以被治愈。我们首先要明白人格是在社会上建立不起来的，必须要在家庭中建设，想要治愈，就要知道家是病原体，也会是治愈源。中国优良的传统文化当中，家园是一个非常神圣的地方，是我们安身立命的栖息地，无论发生什么重大的变故和灾难我们都会誓死保护。但在今天忙碌的现实社会中，人们对家的概念越来越不珍惜了。所以，如果家无法帮助你完成，其次就是通过自己探索'真我'而改变这一缺陷。你可以，先通过杰克·萨利在'真我'家园的探索来获取能量，保持身心健康，治愈创伤的人格。"杨老师说。

说完，我们继续进入电影。

杰克·萨利、奈蒂莉和苏泰等一行人，一起来到了纳美人部落。

杰克·萨利抬头看了看巨大的树，树底部就是纳美人部落。此时，纳美人主动退后为他们让出了一条道。大家看杰克·萨利的眼神和动作既害怕又好奇，也不敢靠近。

奈蒂莉径直走到父亲的面前说："父亲，I see you。"

奈蒂莉的父亲从高处走下来，走到杰克·萨利面前，一番打量。

杰克·萨利用人类的方式向其点头示好，但却并未收到回应。

"这个人，你为何带他来这儿？"

"我本想杀死他，可是艾华女神有启示了。"奈蒂莉告诉父亲说。

"我说过，禁止阿凡达到这里来，外星人的气味太刺鼻了。"

杰克·萨利听不懂，便好奇地问奈蒂莉："他说什么？"

"我父亲在考虑杀不杀你。"奈蒂莉用英语回复杰克·萨利。

"很高兴认识你，先生。"杰克·萨利用地球人的方式与奈蒂莉的父亲打招呼并上前握手问好。这一行为让纳美人有些激动，用刀架在杰克·萨利的脖子上试图阻止。奈蒂莉和苏泰向杰克·萨利吼了一声，让他们的行为停下了。

"纳美人部落就是潘多拉星球的纳美家园，投射的是'真我'的家园，也是大脑的潜意识。奈蒂莉的父亲名字叫伊图肯，投射的是潜意识中阳性能量的最高领袖。'I see you'是他们在'真我'的家园中彼此打招呼的方式，投射的是家园中拥有彼此被看见的状态，让人感受到包容、接纳、安全、放松、关爱、认同、和谐与温暖。同时，家园里也没有担心、恐惧和逃离感，它是心灵的归属，温暖的港湾。"杨老师说。

"退后,让我看看这个异类。"奈蒂莉的母亲走下来说道。

"她是我母亲,她是精神领袖,艾华女神意旨的传递者。"奈蒂莉对杰克·萨利说。

"艾华女神是谁?"杰克·萨利问。

此时,这个女人走到杰克·萨利面前,环绕杰克·萨利上下仔细地打量,问道:"你叫什么名字?"

"杰克·萨利。"

奈蒂莉的母亲拿下挂在胸前的利器朝向杰克·萨利扎了一下,然后将其放入嘴中,接着问道:"你为什么来我们这里?"

"我是来学习。"

"我们教过别的地球人,可是装满的杯子无法再加水。"

"我是空杯,相信我,你可以去问格蕾丝,我不是科学家。"

"那你是什么?"

"前海军陆战队队员。"

"一个战士,我能轻易杀死他。"听到这,苏泰激动地说道。

"不,他是第一个阿凡达战士,迄今为止,我们需要认真研究他,我的女儿,你负责教导他,让他像我们一样说话行走。"奈蒂莉的母亲对奈蒂莉说道。

"为什么是我?这不公平!"

"决定了,今后由我女儿负责教导你,要好好学习,杰克·萨利,看看能否治愈你的失常。"

"奈蒂莉的母亲名叫莫娅,投射的是潜意识中阴性能量的最高领袖。她与奈蒂莉的父亲一起领导纳美部落,投射的是'真我'家园里阴阳关系总是需要保持平衡,所以,有一个部落首领,就会有一个精神领袖。对照现实生活来,就是家庭的完整需要男性和女性的共同维护。如果男女关系之间出现了失衡,孩子生活在失衡的家庭中,或者破碎的家庭中,便会给孩子带来情感表达障碍和人格缺陷。"杨老师说。

我感到当宇宙开始出现生命时,好像注定了,在某一个地点、某一个时候,我们来到地球之上,成为某一对夫妇的儿女。而来时没有人问我们是否愿意来到这个世界,接着,我们就被家庭中父母的样子和行为影响,学会了如何思考世界。长大成人以后,就重复着父母的情感模式,然后依样画葫芦地又复制给了我们的孩子。

"这时,莫娅用利器扎杰克·萨利的血来试探,就是需要确认杰克·萨利是否拥有'真我'家园的血性,是否与他们属于同类人。投射的是家族血缘之间的亲人相认。而莫娅说'装满的杯子无法再加水'投射的是在'真我'家园里还原成'原创',学会'真我'的本领,需要先清空自己在'小我'世界中固化的思考方式,而在'真我'中,带着坚定的信念重新建立正确的价值观和信仰。"杨老师继续说道。

我想,莫娅对杰克·萨利的刺血试探,等同于现实中的不是一家人不进一家门。而当我们要成为一家人的时候,实际上那个原来的自己也需要丢掉一些固有的思考方式逐渐地与家人之间相互磨合,形成一个相互接纳和包容的空间。而这样的空间就是我们为自己所创造的'真我'家园。会是我们与"真我"相遇,活出"真我",活出梦想,活出自己的"原创"的家园。

> 奈蒂莉开始带着杰克·萨利进入纳美部落学习。杰克·萨利和大家打招呼,并慢慢地走入他们中间试图亲近,但他们对杰克·萨利却有些陌生。
>
> 夜晚,奈蒂莉带着杰克·萨利在森林里入睡。此时,连接仓里的杰克·萨利,正在被格蕾丝从连接的状态下唤醒意识。
>
> 杰克·萨利在阿凡达的状态下感觉好极了,有些不想回来。

当格蕾丝问杰克·萨利的时候，杰克·萨利开心地说："你们都不知道我去到了那里。"吃饭的时候，格蕾丝还在描述着和杰克·萨利走散的场景，转身也十分开心的和杰克·萨利说："那些纳美人选了你，愿上帝保佑我们。"

同时杰克·萨利也在向库里奇汇报着这一次的经历，并自豪地说和纳美人是一家人了，自己准备研究学会像他们一样。库里奇很高兴杰克·萨利的这个成功接近，还想着能够有更多像杰克·萨利这样的人。

帕克要求杰克·萨利了解纳美人的需求，说人类试图为他们修建医院、学校和公路，但是不灵，于是想知道他们想要什么。帕克告诉杰克·萨利在纳美人的家园树下面有丰富的超导矿石，是个巨大的宝藏。他告诉杰克·萨利，如果不能够说服纳美人搬走，就只好动用武力来解决。他们只给杰克·萨利三个月的时间。而此时，杰克·萨利自负地认为这个时间有点长。

"杨老师，我看到杰克·萨利在第二次连接时感觉状态好极了，都有一些不想回来。投射的是我们全情投入一件事情时，忘记时间，甚至没有饥饿的感觉，但却觉得精神愉悦的心流状态吗？"我看到杰克·萨利连接时陶醉的自豪感，想到了自己专注于探索记录时的样子，对杨老师说。

"是的。杰克·萨利拥有强烈的探索意愿，所以他能够进入潘多拉星球的纳美部落和他们一起学习。现实中，当我们开始看见'真我'进入'真我'家园时，极具安全感的状态，会让我们渴望沉浸，并从此开始生命'原创'的回归。"杨老师说。

"可既然杰克·萨利体会到了探索的良好感觉，却为什么还要和帕克、库里奇去商讨如何掠夺超导矿石呢？"我好奇地问。

"因为杰克·萨利只是体验到了在'真我'状态下的感觉,却并未真正成为'真我'。一方面碍于之前和库里奇交易的面子,一方面受帕克、库里奇的'小我'影响,觉得用谈条件的方式可以让纳美人妥协,但是他不知道超导矿石这个宝藏是纳美人会用生命去捍卫的。这投射的是我们在探索自己时,因为体验到'真我'感到自己优于他人而想要炫耀或者证明自己的面子表现,然而真正成为'真我'的人,在家园中才会充满安全感,会用生命去捍卫自己的梦想和家园,不再证明给任何人看,而只是活出'原创'的最佳状态。"杨老师说。

探索自己,当我体验到"真我"状态,因为不受外界影响而收获到喜悦时,会不由自主地以文字或者其他形式展示出来。但其实,这种行为都是面子的表现。因为专注于梦想的人,是没有多余的心思去炫耀和证明的,而只是想更加专注和投入。

杰克·萨利即将再一次进行连接。格蕾丝和杰克·萨利复习纳美人的资料。伊图肯是部落领袖,莫娅是女首领,精神领袖,苏泰是下任族长,奈蒂莉是下任精神领袖,他们是一对。杰克·萨利问:"艾华女神是谁?"

诺姆说:"是他们的女神,他们的圣母,无处不在,无所不知。"

格蕾丝提醒着杰克·萨利不要做蠢事,杰克·萨利看起来十分自信,进入了第三次连接。

奈蒂莉带着杰克·萨利练习技能,他们来到一匹六角马面前,奈蒂莉让杰克·萨利骑上去,接着把他的辫子和六角马的传导器连接,六角马有了反应。

奈蒂莉告诉杰克·萨利:"这叫心灵合一,合体。感受她。感觉她的心跳,她的呼吸,她拥有强有力的四肢,你可以发号施令，用意念，说吧，你想去的方向。"

奈蒂莉一边指导着杰克·萨利，在说到意念的时候用手指着额头。

"向前。"杰克·萨利说完，六角马便向前冲了出去，可是没走多远，杰克·萨利便从马上摔了下来，摔得一身泥。

奈蒂莉向前去拉回六角马，这时苏泰一行人出现了，苏泰说："你应该滚开了。"

"不，你会想我的。我知道你懂英语。"杰克·萨利抖一抖身上的泥浆。

"这个外星人什么也学不会，还不如一块石头，瞧他那模样。"说完，苏泰骑着自己的六角马离开了，奈蒂莉牵着杰克·萨利六角马回来，和杰克·萨利说："再来！"

"电影这里提到了奈蒂莉父母伊图肯和莫娅在纳美部落的领袖地位以及纳美部落领袖地位的传承关系。投射的是'真我'家园的血脉是需要男女来传承延续的。对应现代家庭来说，就是男性和女性在组成家庭后要用使命感守望家园，传承血脉。"杨老师说。

"可是，现在家庭离婚率这么高，幸福感这么弱，我们该如何做呢？"我想到自己的原生家庭，又想到自己再生家庭的不圆满，对于家，不仅是我和孩子内心的渴望，而且应当是所有人内心的渴望。

"首先自己要成为爱的源泉，拥有爱的能力。其次，就是要抱有对家园的使命感去守护这个家园。这个使命感就是，自己选择的人和婚姻要带着使命感去维护。想想当初为什么结婚，如今为什么就不可以继续？把当初不顾一切的无畏精神拿出来，使命感就有了，它会告诉我们该怎么做，并且可以克服和化解任何不愉快的家庭问题。而单身人士成为爱的源泉，就会吸引有缘人，拥有充满真爱的家园。这时，人也会在家园里面养成良好的性格，建立健全的人格和高尚的品格。"杨老师说。

"我觉得，包括我在内，我们都已经被生活经历消磨得失去了爱的能力了。而家庭的支离破碎，也难以从其中再收获爱的源泉，这让我感到圆满家庭的愿望有些遥遥无期啊。"我向往着杨老师说的那种圆满状态，但回到现实又必须承认这很难。

"所以，我们继续探索啊。如何成为爱的源泉，如何拥有爱的能力，你看见奈蒂莉是如何教杰克·萨利练习本领的吗？用心感受、心灵合一。这投射的是当我们专注、用心投入、身心合一，当你的探索能力变得熟练，而真正'真我'收获的时候，你慢慢就会拥有爱，同时你还会成为一个领域里的专家，在拥有自己独立的本领同时，与他人相互协作。我们坚定信念，耐心且持续探索吧。"杨老师说。

我看到电影中奈蒂莉耐心地教授杰克·萨利如何练习骑六角马，就像我们教授孩子学步、咿呀学语一样。第一次杰克·萨利的操控，因为不熟练失败了，还受到苏泰的嘲笑。但奈蒂莉反而让他再一次尝试。这不仅意味着在一个有爱的家园里，家人会给予自己持续地鼓励，同时也意味着身心合一是需要反复练习的。

当杰克·萨利投入到了学习驾驭六角马的本领和能力，并熟练地连接，逐渐向"真我"学习时，应当就是我在看见自己时，靠近"真我"，跟随杰克·萨利一起在"真我"家园建立爱的信仰和价值观打下基础的时候。这时，我的生命渴望回归的意愿越来越强烈了，因为我在家园里体会到了灵魂的归属感。

你的练习

1. "原创"在家园回炉再造

探索者	人格模式	人格投射	"原创"再造	守望家园
周卉	委曲求全 忍气吞声	我复制的父母人格 孩子投射我的人格	放下过去 积极探索 做真实的自己	健康人格 用爱守护

(说明:读者用铅笔做自我练习)

2.参考填写"我、身、心、灵",觉知从探索之前的身心灵不合一状态变成合一状态的工具。

全息心理健康

觉：　和睦、美满
价值观：家和万事兴
情　绪：欢乐、幸福

全息精神健康

念：　天伦之乐
使命：传宗接代、家族昌盛
信仰：家国天下

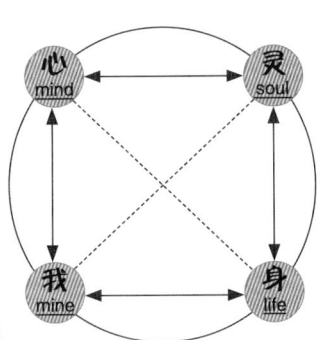

全息伦理健康

姓名：周卉
角色：女儿、妻子、母亲
关系：亲孝、亲密、亲子关系

全息身理健康

性别特质：女性
身相：贤妻良母
体质：生儿育女、任劳任怨

———— 读者用铅笔做自我练习 ————

全息心理健康

觉：＿＿＿＿＿＿＿＿＿

价值观：＿＿＿＿＿＿＿＿＿

情　绪：＿＿＿＿＿＿＿＿＿

全息精神健康

念：＿＿＿＿＿＿＿＿＿

使命：＿＿＿＿＿＿＿＿＿

信仰：＿＿＿＿＿＿＿＿＿

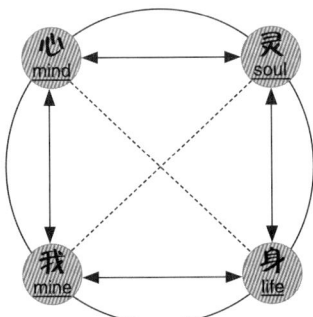

全息伦理健康

姓名：＿＿＿＿＿＿＿＿＿

角色：＿＿＿＿＿＿＿＿＿

关系：＿＿＿＿＿＿＿＿＿

全息身理健康

性别特质：＿＿＿＿＿＿＿＿＿

身相：＿＿＿＿＿＿＿＿＿

体质：＿＿＿＿＿＿＿＿＿

觉知潜能

潜能是宇宙赐给每个生命的天性能量，开发并保护它。

在充满爱和具有安全感的家园里，我们常常不顾一切地做自己喜欢的、想做的事情。因为我们始终能够收获爱的支持和鼓励，也持续被允许自由发挥"原创"的本能，走上梦想创造的道路。这时，我们唯一需要做的就是重复投入专注与热情，并将与生俱来的能力发挥到极致。而这个能力就是潜能。

杰克·萨利开始在奈蒂莉的帮助下，学习"真我"家园里的本领和技能。一次不行就再来一次，奈蒂莉始终耐心地教导，而杰克·萨利则始终认真学习，身心合一。此时，我还无法完全确认自己的写作专业能力，也依然跟随探索记录重复练习，它如同我训练自己的本领一样，需要我始终身心合一。那么，写作是否就是我真正的潜能呢？跟着电影持续探索吧。

回到实验室，杰克·萨利正向库里奇说着他了解的家园树的结构和情况。

杰克·萨利说："如果你真想要攻击这里的话，那将会非常麻烦，你的扫描器无法显示它内部的结构，外围是一圈柱状物，非常结实。这里还有第二圈，里面还有一圈，核心部分则是像螺旋形的结构，那就是为什么他们能在树内上下移动。"

"我们需要准确扫描每根支柱的构造。"库里奇说。

"我知道。"杰克·萨利回答道。

"对于结构你还有什么要提供的吗？"库里奇问。

"我想这第二圈支柱也是支撑结构。"这时，杰克·萨利和库里奇的对话被格蕾丝实验伙伴看到，告诉了格蕾丝。

"家园树底部所蕴藏的宝藏就是超导矿石。杰克·萨利告诉库里奇扫描器无法通过扫描家园树的内部结构去掠夺超导矿石，投射的是潜意识的能量无法用文字和语言准确表达。现实中这就像我们非常爱好一件事或喜欢一个人时，是难以准确形容喜欢的感觉一样。所以，看见潜意识的能量，需要借用画面进行成像投射。电影里，超导矿石就是潜意识能量的投射物，它也是潜能。"杨老师说。

"成像投射？我们如何在现实中用成像投射的方式来探索自己的潜能呢？"我很想知道写作究竟是不是自己的潜能。

"你做过梦想板吗？"杨老师问。

"梦想板？做过。以前在企业内训时做的。"我一边兴奋地和杨老师说着，一边开始寻找梦想板的图片（如图3所示）。

我的梦想板的制作时间是2016年3月3日。主题"一直萌到老"是由艺术字体，结合杂志上剪下来的"萌"字组成。

做梦想板时，老师要我们按照个人、公司、岗位、家庭、事业等方向，在杂志中找配套的图来制作，而我仅仅把它当成一次任务来完成。如今，三年的时间，梦想板一直睡在书柜上，但右下角的个人部分第一句话"书，出一本自己的书"呈现在了我的眼前。让我感到，原来自己早就有写作出书的梦想。

图 3　我的梦想板

"杨老师，这是我 2016 年做的梦想板。'书，出一本自己的书'这居然是我曾经的梦想，结合现在探索记录的事情，我感到有些不可思议。这是不是就是我梦想的成像投射啊？"我把找到的图片拿给老师看，并说道。

"是啊。做梦想板的过程就是把潜能进行成像投射，潜能开发的过程。但是你的梦想板文字太多，画面太少！如果是画面，你现在就不会感到惊讶，而是心想事成了。"杨老师看了一眼我的梦想板说。

"如果梦想板是潜能成像投射和开发的过程，那么到底什么才是潜能呢？"我跟着问道。

"人的一生有两种能力：一种是技能，一种是潜能。技能是可以通过训练习得的，而潜能是一个人的天赋，就是天性，是我们不知道能力以外的能力。拥有潜能可以让人突破自己，去做不敢、不想、不愿的事情；潜能可以让人充满想象力，积极自信，相信一切可能性，拥有更多的资源和选择性。"杨老师说。

也就是说，潜能可以创造奇迹，无所不能？那要是我找到自己的潜能，岂不是可以成为改变世界的人？我有些兴奋和期待，又不完全相信潜能那么强大，但又好奇如何找到它，于是说："那我该如何找到并确认它呢？"

"每个人都拥有潜能。但，它不是找到的而是开发！要开发潜能，先复习一下前文提到的大脑结构。思考下，它和大脑有什么关系？"杨老师说。

左脑是"小我"显意识部分具有逻辑能力，右脑是"真我"潜意识部分具有创造能力。探索是从左脑到右脑，那么潜能应该与右脑有关吧？

"没错。开发潜能，就是要开发右脑的创造性功能！我们把制作梦想板的过程当成潜能开发的成像投射，而梦想板就是潜能落地的成像器。老师强调做梦想板要用画面，是因为潜意识里的信息要借由画面呈现，并通过画面让自己沉浸在快乐和放松的状态，潜能才会被激活。你看看你过去做的梦想板，是不是都是在现实中憧憬却不敢想和不敢做的事情？"杨老师说。

"的确，在当时完成任务的紧急条件下，我写下'书，出一本自己的书'时根本就是无意识的，并没想到如今会实现。但我感觉，这会不会只是一个巧合呢？"虽然心想事成让我有些雀跃，但是理智还是在约束我的潜意识不能轻易相信。而这其实也是大多数人不相信有梦想这回事的原因。

"不相信这是正常的，因为我们的左脑经过了长期训练十分的强大。

但如果明白潜能的重要性，并且渴望获得它，那么，开发潜能才会拥有可能。现在你懂得了电影中的超导矿石和梦想板都是潜能的成像投射，那么你就可以理解潘多拉星球'真我'家园就是潜意识的成像投射，家园树之间传递信息就是潜意识能量传递信息的成像投射了。"杨老师说。

至此，从探索启航开始，对于整个电影的投射意义我似乎也变得更加清晰了，对于探索的欲望也变得更强烈。毕竟我都开始心想事成了，因此我也希望更多人能够与我一同心想事成。

当杰克·萨利回到格蕾丝的实验室时，发现实验室的所有人都在收拾东西，于是杰克·萨利问："我们要去那里？"

"离开这里。"

"我可不会让帕克和库里奇插手这里的事。26号哨站有一个移动的连接室，我们可以在山里继续研究。"格蕾丝说。

"哈利路亚山？"听到格蕾丝说要到山里去研究，诺姆突然间走过来询问格蕾丝。

"没错！"格蕾丝说。

"是的！太棒了！"诺姆此刻十分兴奋。左手紧紧地攥着拳头，像是在低调却有力的欢呼。转身问杰克·萨利："传说中潘多拉悬浮山，你听说过吗？"

潘多拉星球的上空，一架军用飞行器正在飞行。

格蕾丝对杰克·萨利说："我们快到了。"

"是啊，看看我的仪器吧。"驾驶飞行器的楚蒂说。

"我们进入电磁漩涡了。"格蕾丝告诉大家，目前飞机已经进入电磁漩涡中。

"潘多拉的悬浮山投射的就是潜意识里的想象力和创造力能量。之后你就会看到画面上的奇迹。这时候，所有人要进入山里研究，投射的也就是探索自己不仅仅要通过连接通道进入，还要带着'小我'的真身进入，才能达到与'真我'合一的境界。"杨老师说。

所以，接下来的探索我们不要用头脑来理解，而应用上真实的想象力。

"我们现在开始目视飞行。"楚蒂说。

"什么是目视飞行？"诺姆问。

"也就是用你的眼睛来看路。"楚蒂回答诺姆。

"可是我什么也看不见。"

"没错，很夸张吧！"

飞行器进入了迷雾之中，当他们穿出迷雾时，眼前出现了一座座飘浮在空中的山体。杰克·萨利被眼前的一切震惊了，不禁身子向前倾，想要更好地去看看眼前的奇妙的情景。

连诺姆都感到惊讶了，口中说着："天啊！"

看着他们惊讶的样子，楚蒂就笑笑，感到他们的表情实在太可爱了，就像个没有出过门的孩子。

飞行器落地后，他们来到了潘多拉山林里的移动连接室。

走下飞行器，格蕾丝、杰克·萨利、诺姆戴着面具在草地里往移动连接室走去。一边往前，杰克·萨利一边抬着头观察着四周悬浮的山体。心里想着："是什么维持着它们漂浮？格蕾丝向我解释过，是由于某种磁悬浮的影响，因为巨石中有一种珍贵的矿产，是一种类似超导体的物质，拥有奇特的磁场。"

"楚蒂对诺姆解读目视飞行是用眼睛看，但诺姆什么也看不见，投射的就是进入潜意识状态时无法用言语和文字表达说不清的状态。而当他们穿出迷雾看见漂浮的山林时，投射的就是潜意识能量信息成像投射的画面。所以，悬浮山，你觉得现实中会存在吗？"

"现实中，肯定看不到这儿的山，但是想象中会有。"我说。

"那么，你能理解悬浮山的投射了吗？这时，杰克·萨利感到惊讶和好奇的内心状态，投射的就是我们做梦想板从不敢想，到用画面呈现出来的兴奋感。这是不是和你看到自己梦想板上出书那段文字时的感觉一样呢？"杨老师说。

"真的呢。"这让我开始有点理解梦想板潜能投射的原理了。

"其实，当我们去做这件事的时候，我们的大脑在扩容，格局就在扩大。潜能开始被激活了，拥有了落地的可能。"杨老师说。

忽然间我感到，一旦我们能够把平时不敢想，不敢做的事情用梦想板的形式呈现并公开时，我就会充满力量和勇气，拥有无所不能的自我挑战激情。这时候，现实中被约束的部分得以释放，就像跳出了一个拥挤的房子一样，想要告诉所有人，世界那么大，我要带着梦想去看看。

而此时，我便自觉拥有了更大的格局和视野，去无限探索自己不知道能力以外的能力——潜能。我开始体会到了梦想板的意义和价值，并渴望把自己的潜能尽快激活。

"杨老师，我如何尽快激活自己的潜能呢？"

"激活潜能，那就要投入专注和热情体会身心合一。首先，梦想板在人的一生至少要做十次，通过一段时间对画面的持续激活和强化，我们的潜意识才会变得活跃。其次，梦想板的画面停留在潜意识里后，我们就要带着活跃的潜意识用坚定的信念训练自己的潜能。当潜意识变得越活跃时，潜能就越容易被开发，当潜能被重复训练时我们的潜意识也会变得越活越。这时'真我'的灵性也越容易成长，格局随之扩容，带来智慧的升华，拥有实现梦想的能力！"杨老师说。

我简直不敢相信梦想就在眼前的真实。但又感觉能把梦想当饭吃，还是有些困难。我对杨老师说："我们在生活中训练一项技能都得十年磨一剑的重复训练，如今即便是拥有潜能，想要马上把它变成生存的能力，把梦想当饭吃，好像有点操之过急了吧。"我继续用理智拽着自己随时准备启航的梦想。

"心中能够升起多少实现梦想的力量，我们激活潜意识的能力就有多大。潜能的强大力量如果用技能训练来对照，你的潜能就被束缚了。老师有一个福州的学生，有一天他带着孩子，在路上发生了车祸。当他艰难地从汽车中爬出来，而孩子还在变形侧立的车中时，他毫不犹豫凭自己的力量把车子放平，救出了孩子，并抱着孩子跑到了十几米外。就在他感到安全，且救护车到达时，他才发现自己的脚肿得完全不能动弹，疼痛无比。这时，再回想之前自己的行为，他自己都不敢相信。通常我们会说这是父爱如山的伟大力量，但这件事的本质就是人在意识完全清空时，潜能发挥的巨大力量。这也是我们常说相信的力量。"杨老师说。

我沉下心想着自己"裸辞"后在未知中开始写作的日子。这时候，探索的记录是能够给予我相比于以往工作中更充实和富含能量的事情。所以，我经常一口气可以记录下很多内容，当自己回看或者记录字数的时候都为之惊讶。

而我每天持续不断地写作，没有感觉到很多为了写作而写作的人所提及的不知道写什么。仿佛一切都被开启成一种自动循环模式一样，睁开眼就写，休闲时就写，有灵感的时候就写。

我能体会到写作是我的潜能，并被开启，而我还无法相信，可能因为还没有具有成就的作品，所以这过程就像探索自己过程中偶尔断开连接时的迷茫和不自信。

如果我想要实现心灵作家的梦想，那么我就应该带着相信的力量，用激活的潜意识重复训练写作的能力。这样我才能够发挥自己写作的天性，成为把喜欢的事当饭吃的梦想实践者，并鼓励更多拥有梦想的人敢于自我突破，自我成就！

　　格蕾丝打开了移动连接室的门，放下背包，打开连接室的灯光。这时，所有人陆续都进入，杰克·萨利感到十分好奇。

　　当格蕾丝在分配每个人的连接舱时，楚蒂打开了冰箱的门，刚好就在杰克·萨利的眼前，冰箱门上贴了许多的照片，都是杰克·萨利熟悉的纳美人。杰克·萨利看着这些照片中的人，心里说着："格蕾丝什么都知道，她知道我跟上校暗中往来的隐私，但她目前还需要我才能让她重回部落，所以她现在对我还算客气。"

"这里杰克·萨利提到自己知道格蕾丝知晓自己和库里奇的交易却没有揭穿，投射的就是探索自己成为真正'真我'时，我们是需要时间过程的，我们不能总拿某件事给自己或者他人贴上固定的标签。另外就是，释放隐私需要时间。电影中，杰克·萨利到这里都还没有释放，而现实中会更久。"杨老师在这部分简单地对我解读道。

　　格蕾丝安排杰克·萨利去到自己的连接舱，杰克·萨利来到了最稳定的一台连接舱比拉尤一号舱旁边开始了他和阿凡达的再一次连接，他和奈蒂莉开始了新的技能学习。

　　奈蒂莉带着杰克·萨利在丛林里面穿越，在树枝树干中跳跃，一会儿左一会儿右。杰克·萨利跟着奈蒂莉的步伐，稳健又快速。他们停了下来，杰克·萨利探头向下望去，此时他们距离地面十分遥远。

　　就在这时，奈蒂莉发出一种类似鸟鸣般的叫声，好像在呼唤什么，杰克·萨利循声望去，看着奈蒂莉。在奈蒂莉呼唤方向的茂密枝叶里，发出了动静，只见一只大型的飞鸟穿过枝叶飞了出来，停靠在奈蒂莉和杰克·萨利的面前。

"酷毙了！"杰克·萨利看见这个大鸟，发出了感叹。

"不要盯着她的眼睛看。"奈蒂莉告诉杰克·萨利面对这个大鸟要注意的事情，接着给了它一个果子吃，和大鸟做互动并向杰克·萨利介绍它。

"伊卡兰不是马，一旦完成了'萨黑鲁'，伊卡兰终身只会跟随一名猎人。"说着，奈蒂莉爬上了伊卡兰，骑在它的背上，继续说。

"要想成为'塔龙纽'，也就是猎人，你必须选择你自己的伊卡兰，同时它也要选择你。"

"什么时候？"杰克·萨利迫不及待地问奈蒂莉。

"等你准备好的时候。"奈蒂莉说完，骑着伊卡兰飞了出去。

看着奈蒂莉骑着伊卡兰在天空里自由地翱翔，杰克·萨利不时地挪动自己的身子跟随她们翱翔的方向，他的眼中充满了兴奋和喜悦，并且跃跃欲试。奈蒂莉骑着伊卡兰从杰克·萨利面前飞过，压低位置尽可能地靠近他，杰克·萨利一个俯身躲过了奈蒂莉和伊卡兰，接又转身望向飞出去的奈蒂莉和她的伊卡兰。

"杰克·萨利的阿凡达和奈蒂莉在'真我'家园中不断练习不同的技能，从跳跃到奔跑，这些在他现实中都无法实现的本领全部都可以在潜意识里完成。同时，当他看到奈蒂莉骑着伊卡兰的时候，也拥有了想要尝试的想法。投射的是杰克·萨利的潜意识处于不断被激活的状态，会有一系列的自我突破和创造。"杨老师很快说完，我们便继续前进。

这样的情景让杰克·萨利感到愉悦无比，断开和阿凡达的连接回到移动连接舱录制连接视频的时候，杰克·萨利说："影像日记第 12 日，时间是晚上 9 点 32 分。"杰克·萨利问，自己一定要做这些吗？他说自己真的很想睡。但是被格蕾丝拒绝了，要杰克·萨利趁热打铁录制下他每一次连接的想法和内容。

杰克·萨利只好继续开始录制，他说道："地点，棚内。日子开始搞混在一起了。"杰克·萨利的大脑开始回忆自己在潘多拉星球和奈蒂莉学习的点滴。

"杰克·萨利在录制视频时提到自己开始混淆潘多拉星球和现实的自己。投射的是潜意识激活状态下，'小我'和'真我'合一时令人喜悦的状态和'小我'和'真我'偶尔还会相互影响的状态。在现实中，我们会体验到一种情绪复杂的混沌感，有时候喜悦有时候又迷茫。"杨老师暂停了电影说。

"纳美语很难学，但是我觉得就像拆装武器一样，只要反复地练习。"杰克·萨利说着想到自己学说"眼睛"这个词的时候因为说得不标准，像个小孩一样被奈蒂莉拍头。又想到学习射箭的时候被奈蒂莉说力气不够，要用力一点，用腹部吸气提劲。

"奈蒂莉称呼我为'斯康'，意思是笨蛋。诺姆对我的态度也大有好转。"杰克·萨利想着奈蒂莉在潘多拉星球教自己的时候的样子还有诺姆在地球教自己时候的态度。杰克·萨利学着如何更好地说好"I See You"。

诺姆告诉杰克·萨利说："纳美语的看见不仅仅使用眼睛看见，而是用心灵感应到你，接受你，理解你。你得搞清楚差别。"

看着诺姆认真教自己的样子,杰克·萨利感到学得有些吃力,但是又感觉很不错。一直学和练习却总还是有些说不准和说不到位,杰克·萨利心想诺姆应该也认为自己是个笨蛋。杰克·萨利与阿凡达的连接能力和速度开始变得越来越强和快了。

在他的内心独白中,他说:"我的脚变得越来越强壮,我一天跑得比一天远,我必须相信你我的身体才能去做任何困难的事。"此时杰克·萨利和奈蒂莉穿梭在森林中,或跳跃或攀爬树枝干,或跳起用手臂抓住一根树枝跳到另外一个树枝上。终于,杰克·萨利能够骑上六角马跑起来了,虽然他又摔了下来。

"当杰克·萨利潜意识激活时,从语言学习到本领掌握的能力也越来越强,所以他感到自己的双脚越来越强壮了,跑得一天比一天远了,相信身体可以做任何困难的事。投射的就是潜能开发达到了最佳状态开始身心合一的样子。现实中,如果我们激活了潜意识,会对挑战困难感兴趣,对不断自我突破感兴趣,不会再被理智束缚,反而能让理智与潜能协作,达成我们一个又一个目标。"杨老师继续说道。

傍晚的时候,森林里下起了雨,奈蒂莉又在教杰克·萨利观察些什么。

杰克·萨利说:"我们每天都在观察森林小径,水坑中的足迹,察觉最微小的气味和声音。"

杰克·萨利和奈蒂莉匍匐躲在一个低处,穿过树叶望出去。

"她总是提到一种会流动的能量,万物的灵魂,真希望最终测验的时候,没有这些琐碎的项目。"

杰克·萨利一边在脑海里回忆着这些画面还有心声,一边格蕾丝也告诉对着视频录制的杰克·萨利说:"这可不是单靠眼睛看和双手触摸就可以理解的，你必须仔细倾听她说的一切，透过她的眼睛，去感受这片森林。"

"对不起，这可是我的影像日记。"杰克·萨利向格蕾丝表达自己的想法，继续在脑海里回忆他和奈蒂莉练习的过程。

"这部分是我们与潜意识连接激活潜能的关键。"杨老师放慢了语速，提示我注意这部分的探索。

"奈蒂莉之所以教杰克·萨利每天观察，并且倾听和感受，投射的就是我们连接潜意识，打开连接通道需要保持觉知的状态，并拥有觉知力。"

"觉知力？什么是觉知力呢？"我说。

"觉知是通道。从左脑到右脑，从意识到潜意识的连接通道。不断练习，觉知的能力提升时，我们拥有的就是觉知力。实际上梦想板、电影的连接舱这些带领我们进入潜意识开发潜能成像的过程就是觉知力的投射。"杨老师说。

"杨老师，我记得杰克·萨利在训练六角马时，奈蒂莉强调他要用心连接，是不是也是训练觉知力的过程呢？"我说。

"是的。用辫子连接，用心连接，用意念去控制就是觉知力的练习。它是我们掌握任何技能核心训练的关键。有很多人在从事职业时，事情多做一点就喊累，报酬少一点就抱怨。而用心连接，投入专注的人，是没功夫理会这些的。所有行业里都是有级别的。拥有很大成就的人，都是把岗位当公司，把职业当事业，把使命当生命，把梦想当信仰，拥有觉知力，彻底用心连接和感受的人。经常练习觉知力，心全然托付在喜欢的事情上，你就会因为经常驾驭它，而感到轻松。"杨老师说。

"那么，生活中如何练习觉知力呢？"我问老师。

"练习觉知力，先要了解觉和知。觉在身体，包括：视觉、听觉、嗅觉、味觉和触觉，统称身体五觉。身体五觉长年累月的使用，会形成拥有记忆的身体习惯并产生自动反应模式，包括惯性行为和惯性思维，统称意念觉。意念觉与五觉形成的六觉，就是觉的构成。

在生活中，以视觉为例。视觉又分为内视觉和外视觉。看画面或风景时，眼睛看到的是外视觉，感受到的画面是内视觉。外视觉与左脑相连，内视觉与右脑也就是潜意识相连。当画面令人感到轻松惬意时，轻松惬意就是左脑对画面的认知。当轻松惬意的认知变成对同类型所有画面的相同认知时，惯性思维就形成了，而对同类型画面相同认知的惯性思维就是意念觉。

"也就是说，我们是通过眼、耳、鼻、舌、身的身体五觉接触外界信息形成对外界世界的认知。右脑对认知产生感受，左脑对认知记住经验，经验和感受的共同作用形成的惯性行为或者思维就是意念觉。"

老师教我觉的时候，我才发现，以前认为从书本里来的经验和知识才是我的认知，但真实的认知应当是通过身体的五觉形成的。这种认知才是我们真实的经历和认知。

"杨老师，我简单理解觉的能力，是不是就是我要不断去感知身体传递出来的感觉认知，这样才能拥有更真实的，属于自己的经验和经历，拥有真知？"我说。

"是的。觉的能力要从认识自己身体开始。老师再和你举一个例子。当生活条件好时，人就控制不住嘴，继而忍不住吃撑。吃东西时，启动的是五觉中的视觉、嗅觉和味觉。视觉和嗅觉会驱动左脑发出想吃的认知。吃的过程中，味觉启动驱动潜意识里好吃的感觉，传递到左脑用语言表达好吃的认知。这是吃东西时，认知、五觉和意念觉在左右脑，意识和潜意识间信息转换的过程。

"但是，身体吸收消化食物的器官是胃，它除了能够告诉身体饿和撑的感觉外，不会提醒身体合适的量在哪里。所以，多数人会因暴饮暴食，导致消化不良等肠胃问题。因为没有觉，只是在左脑的好吃认知下驱动嘴巴不停地吃，享受美食诱惑的满足感。没有觉时，身体器官表达心声的能力就没有了，也就难以了解真正的自己。还包括很多喜欢重口味饮食的人，体验到的也都是调味品的味道，而失去了对食材本身自然味道的感觉。因此，想要在连接潜意识上开发潜能，练习觉的能力至关重要。"杨老师说。

"杨老师，'觉'我好像能理解一些了，那'知'在哪儿呢？"我问。

"知就是知道事物的本性和发展规律。继续用吃东西来举例，你觉得饮食的规律是什么？"杨老师问。

"是一日三餐吗？或者少食多餐？"我说。

"一日三餐，少食多餐是我们总结出来的规律。真正的规律是遵循人体十二经络和器官运行时间的规律。比如，早上5~7点是胃经运行的时间，9~11点是脾经。由此可见，早餐的时间规律应当是9点前用餐。同理，中餐和晚餐也都有最佳的身体运行时间点。

"健康的饮食规律，就是按照身体器官运行的规律进食。那些熬夜、吃夜宵，都是违背身体规律的。如果再深入一些，就是要知道身体最小构成单位细胞的饮食摄入要求。摄入满足细胞营养需求的食物和细胞需要多少摄入量的饮食，就能拥有更加健康的身体。反之，那些只把胃填饱的饮食方式，只会让多摄入的食物无法消化，最后转化为多余的脂肪和自由基，再好的营养成分也都成为体内多余的垃圾不被细胞所吸收。

"因此，从饮食上来说，知就是让我们吃得更健康。放大来说，知就是让我们遵循事物的本性和发展规律。这时，身体五觉和意念觉与知的结合，不仅可以了解自己，而且可以找到宇宙运行的规律，拥有觉知力。"杨老师说。

看来，觉知力和想象力对每个人实在太重要了。觉知力是让我们拥有真知的能力，想象力是让我们突破自我，激活潜能实现梦想的能力。

我对杨老师说："杨老师，还有没有其他方式可以提升想象力，练习觉知力呢？"我问。

"寻找参照物和经历。参照物是我们梦想领域里已经成功的人的生活和思想。经历是你觉知生活中人事物后形成的意念觉。过去，我们寻找参照物会用名人自传或者格言。现在，我们寻找参照物可以寻找榜样、去不同的地方来开阔眼界。

"当你每次从一个城市到另一个城市时，当你感受不同世界人事物的差异时，参照物和经历所给予你的体验，都会存储在右脑空间中，成为连接日后同类或者相似人事物的存储记忆。存储的画面记忆越多，你的想象力就会越来越强。想象力越来越强，就能不断觉知频繁连接潜意识。

"当连接越频繁并且越容易时，人的潜能就越容易被开发和激活，发挥作用。励志就是潜能驱动，继而付诸行动时，更加专注，更加自信，达成目标的强大潜能。"杨老师说。

我想起自己小的时候，借着父母工作的方便，会跟随他们去不同的地方。虽然那时年少无知，不懂什么左右脑，但透过眼睛，透过语言，我一边看着那些风景，一边听着各地介绍。它们自动就在左脑中形成认知，传输到右脑形成感觉认知，存储下来，让我拥有了审美意识。再加上因为父亲的音乐熏陶和浸润，沉淀了我丰富的想象力资源库。

因此，我学习的领悟能力比旁人要快，并且能够无限循环使用经验和拥有极快的反应能力，就是我意念觉长期训练下来，与潜意识连接的结果。所以，我会对所有事物乃至知识最核心和本质的运作规律拥有好奇心，直到探索记录学习到并不断启用觉知力后，我能够感受到身体里无限的能量被开启，我可以创造无限可能。它时刻驱动着我想要更快、真正地实现梦想。

"杨老师，我如何在开启潜能时，确认哪个喜欢的事是可以当事业来做的事情呢？我认为，追逐梦想的意义在于创造社会价值、实现个人价值最大化。"我说。

"在众多喜欢的事中，最擅长、最能够专注并感到开心，容易收获结果的那件事就是你可以选择成当事业来做的事。"杨老师说。

大学选专业时，虽然学的是外贸英语专业，但我却在用在广播站播音、写播音稿和主持的方式延续着我对播音与主持专业的喜爱。

工作时，我进入了美容行业。在一开始学美容操作为顾客服务中，把对音乐的感知和手与皮肤接触能够传递能量的意识带入操作，延续着我对身心灵领域的喜爱。

正因为我天生就与语言和心灵拥有交集，才会最终走回身心灵的探索之路，并通过文字的方式传递属于我心中灵性的美。此刻，我也才明白，为什么会有人说，静下心来读我文章的时候，会让人感受到一种既拥有理性又充满柔性的智慧能量，既富有逻辑又不失灵性的智慧。

我从未在任何一个自己并没有经过专业训练的事情上获得过如此高的评价，也从未感到自己只要去做便充满力量和价值。跟随着探索记录，我才知道文字是我传递能量的方式，而身心灵是我最擅长领域，也是我的生命系统。

我试错过，也真实经历过，而我也认为，人一定会在某个时间点，去找机会做自己毕生都喜欢的事情。

如果，我的探索记录可以让我在梦想这条道路上收获结果、获得成功。我希望，更多人能够尽早找到自己发挥潜能的事，成为事业，搭建一条直通梦想的天桥。这样，对于孩子，我们也能帮助他们开启潜能，提前做好进入社会的准备，免去在众多兴趣班中来回折腾所耗费的时间和金钱。

"杨老师，我觉得潜能的开发，会影响甚至决定人一生的发展。那么，什么时候开发比较好呢？"我问。

"潜能开发，找到我们天性和擅长的技能，以及确认未来事业方向的领域，从来都是越早越好。找到事业前，我们会有很多感兴趣、想要学的技能和知识。但30岁后，面临成家立业和养家糊口。这时要克服的阻碍也更多。你看，儿童教育市场已经从早教开始开发潜能了。因为，大家都想赢在起跑线上！"杨老师说。

潜能的开发越早越好，我十分的认同。在我"裸辞"的几个月中，我经历着万般的煎熬和痛苦。一方面，会被生存的现实问题干扰，另一方面又要顾及喜好和梦想。我不想和以前一样，再找一份工作，继续度过自己的十年二十年甚至一辈子，也知道做一件自己不喜欢的事情，即使换平台也难以顺遂心意。

工作或者自己创业都没有完美的。企业从生存期到发展期也要不断地注入企业文化中的使命、梦想和价值观。所以，找到自己的使命和梦想，为之奋斗才是关键所在。它可以在自己的职业中发展出来，也可以从以往的经历中衍生出来，但不管以何种方式呈现，都必须激活潜能，拥有无畏的精神和力量，面对挑战，愿意为梦想之付出一切。因为，梦想才是一切的源动力，信念才是坚持的发动机，潜能才是成就的燃料。最终，时间也会是见证人，见证去拼搏、去创造的持续力和梦想的实现。

杰克·萨利和奈蒂莉奔跑着，突然奈蒂莉在没有任何辅助物的情况下一个纵身跳了出去，杰克·萨利却感到害怕而停下了脚步。

"跟着奈蒂莉学习，如果不快一点就完蛋了。"这时候杰克·萨利心里说着，看到奈蒂莉安全地落到地面也鼓起勇气向后退三步，接着吼了一声便跳了下去。

杰克·萨利跌跌撞撞碰到各种森林中的枝叶，最后落到了地上站了起来走到奈蒂莉的面前。

杰克·萨利回顾着自己连接进出阿凡达的每一次感受，也给格蕾丝制造了重新回到潘多拉星球的机会。

他说："我说服莫娅让格蕾丝来到部落，自从她的学校关闭后，这是她第一次回来。"

夜晚，森林里充满了光，杰克·萨利仿佛随时都可以在睡着的时候就进入阿凡达不断跟随奈蒂莉学习。这种愉悦的体验，让杰克·萨利在录视频的时候，录着录着便进入了睡眠。格蕾丝关掉了录像机，扶着熟睡的杰克·萨利，帮助他躺在了他的床上休息了。

杰克·萨利在奈蒂莉的带领下练习着各种本领，骑马、射箭、攀爬、跳跃。他们每天都在这个星球里面和每一株植物相处在一起，重复地训练。

"电影这里，杰克·萨利的觉知力非常强，所以睡着了都能进入潜意识。但是，当我们觉知力强的时候，我们一定要重复训练自己的潜能。才能始终不偏离梦想轨道。所以，你看到电影里，杰克·萨利和奈蒂莉的训练非常频繁和紧凑，并且每天都在重复。"杨老师说。

"可是，我们现实里面海量的知识、利益冲突、时间的占用，每个人都会在自己的选择或被动选择里被外在事物推着前进。能够主动选择坚持自己喜欢的事，实现梦想的人少之又少，更何况外面还有那么多的诱惑，我们该如何让自己总能保持觉知力很强的状态呢？"我迫切地问着老师。

"不断地自我确认和重复训练！自我确认，是给潜意识注入一种信念，而重复训练是习惯的养成。潜意识最可怕的力量就是重复。倘若你找到了自己可以为之奋斗的事情并想将它变成事业，你就要不断地自我确认,并不断重复地专注训练。开发潜能没有捷径可走,专注产生灵感,坚持出现概率,重复才能成为专家!同时,在小事上严格训练觉知力,觉知力会越强,会拥有更强大的内心和人格,拥有更坚定的信念。所以,重复训练也是建立一个人人格重要的部分。"杨老师坚定地告诉我说。

我想起"复杂的事简单做,你就是专家;简单的事重复做,你就是行家"这句话。同时,也体会到当自己专注于安静的探索记录,充满身心愉悦力量时,在面临选择时清晰和明确的状态。

"自我确认和重复训练会让我们对这份事业乐此不疲。频繁与潜意识连接和运用觉知力,强化专注和用心投入会让我们的潜能更容易被激发。"杨老师再次强调潜能自我确认和重复训练的重要性。

我觉得不论技能或者潜能,我们的能力,使用它就能越来越熟练,不使用它就越来生疏。身体机能的训练如同行为训练一样很容易,在成长中延续一代又一代日积月累的方法。

但是开发、激活潜能,想要获得超越时间的潜能爆发、梦想实践,从身体的五觉转换成意念觉,形成真知的惯性行为和惯性思维,开始总是需要落实到日常化的训练中。当我们能够突破意识的束缚打开觉知力,并用心与之连接,我们就能收获到奇迹的力量,超越技能的时间,让自己获得从量变到质变的结果。

我想这就是慢即是快的道理,同时这也应当是我们告别低水平重复,而开始高水平投入的最佳表现。

开发潜能,突破自我的极限,实现梦想,老师给我提供了一个潜能灵性成长轨迹地图(如图4所示)。它如同我的梦想板一样,是给自己设置的一个未来的终点。想要把喜欢的事当饭吃,依循这个地图的路径,你和我都能找到自己的成长轨迹。

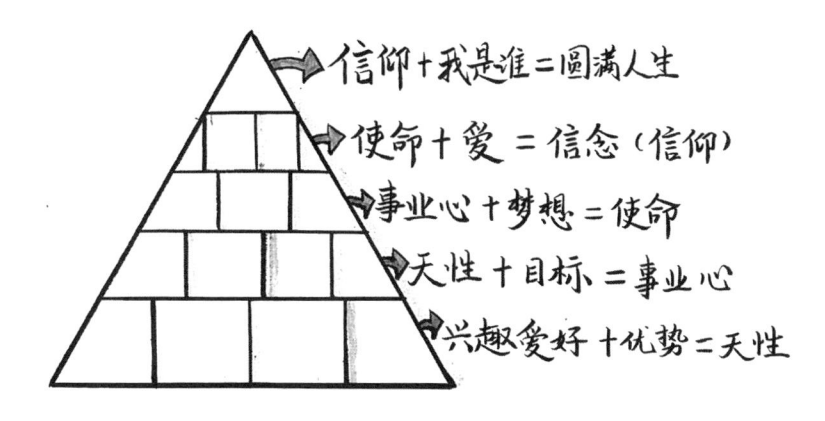

图4 潜能灵性成长轨迹地图

信仰+我是谁=圆满人生
使命+爱=信念（信仰）
事业心+梦想=使命
天性+目标=事业心
兴趣爱好+优势=天性

这个地图是三角形状的，由下至上由五个公式组成，天性是地基，圆满人生是终点。

三角形是所有结构中最稳定的结构。地基打稳，越往上，实现自己圆满人生的可能性便越高。现在我把自己还原成一个孩子，让自己从地基开始，跟着地图的轨迹一步步成就自己的圆满人生，实现梦想。

初次来到这个世界，我对这里的一切充满了好奇和兴趣。身体的五觉带着我体验生命中外界每个人事物并形成我的意念觉，让我拥有惯性行为和惯性思维。时间流逝，我的肢体越来越灵活时，我开始做我喜欢的事，而它们也都是我的兴趣爱好。但众多兴趣中，我唯独在某件事情上特别有天赋，我特别容易获得别人的夸赞和好的结果。这个我最有优势的部分，就是我的天性。我找到了，它就是写作。通过写作，我可以开启我伟大的创造力，让一切皆有可能。

此时，我兴奋不已，希望写作的天性能成为圆满我人生的梦想。我的生命导师杨老师，告诉我说，我可以的，只要我确认写作是我一辈子想要做事情，并用心学习发展，不断地重复训练，付出持之以恒的努力，当我的作品问世时，它就能成就我。老师的话让我明白，我要为写作增加一个目标，在身心领域里面拥有自己的明确标签，让别人可以认识并记住我，成就我未来的事业。当我开始带着目标专注、重复、用心投入时，我便拥有了想要终其一生从事它的事业心。

我希望我的写作事业，要造福社会，创造价值。我想要有一个机会和平台，聚集一群人和我一起奋斗，让他们也能在此找到自己的价值。当我这样想时，老师和我说，把我的写作事业插上梦想的翅膀成为我的使命吧。梦想越大，我就能帮助越多人，我会在成就支持和追随我的人的同时，顺便成就我自己。而我的格局也将因为梦想而放大。

当使命感越强，我就能聚集更多的人。用爱连接世界，一同点燃形成强大的力量，拥有信念，成为我一生的信仰。

一切都是最好的安排，现在就是最好的时刻。宇宙赐予我写作的天性，是宇宙早就给我准备好的，就等我把它带走，成为我的事业，圆满我的人生。所以，带着目标找到使命、爱和信仰是我仍要走的探索之路；带着已经激活的潜能，在未知中坚定信念，相信相信的力量，是我对自己自我确认的价值观。带着地图探索，不断重复训练写作的能力和觉知力，我会相信一切皆有可能，梦想皆可实现。

你的练习

1. 潜能开发,梦想再造

探索者	开发工具	连接潜能	潜能发掘	潜能训练
周卉	梦想板、参照物、经历	觉知能力 视觉、听觉、嗅觉、味觉和触觉形成意念觉	写作	重复训练 自我确认

(说明:读者用铅笔做自我练习)

2.参考填写"我、身、心、灵",觉知从探索之前的身心灵不合一状态变成合一状态的工具。

全息心理健康
觉：　　想象力、自我确认
价值观：相信相信的力量
情　绪：积极、自信

全息精神健康
念：　天性
使命：一切皆有可能
信仰：伟大的创造力

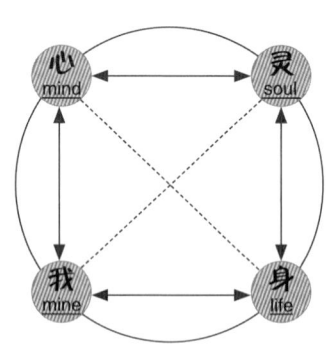

全息伦理健康
姓名：周卉
角色：创造者
关系：内外兼容

全息身理健康
性别特质：阴性能量
身相：风情万种
体质：重复、专注、坚持

———— 读者用铅笔做自我练习 ————

全息心理健康
觉：_____
价值观：_____
情　绪：_____

全息精神健康
念：_____
使命：_____
信仰：_____

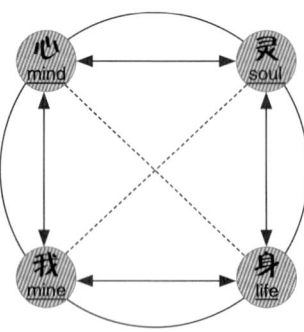

全息伦理健康
姓名：_____
角色：_____
关系：_____

全息身理健康
性别特质：_____
身相：_____
体质：_____

觉知情绪

管理并驾驭情绪，你的人生终成大事。

随着写作潜能的开发，对于文字，我开始期待读者文字的反馈。只有体验细水长流的人生，学会享受这个看不到尽头的孤独旅程，才能找到"真我"，并持续活在"真我"中。而这个过程，驾驭情绪至关重要。

杰克·萨利的阿凡达和奈蒂莉在"真我"家园中常常看到各种光，并因此充满喜悦。这种与潜意识连接越来越熟练的觉知力，让杰克·萨利的潜能也开始逐渐娴熟。这时，我仿佛被其投射影响一般，探索记录也日渐顺畅。但我仍会被孤独情绪困扰而感到焦虑或者急躁，我该如何让杰克·萨利帮助我学会驾驭情绪的能力呢？跟着电影继续探索。

杰克·萨利在桌上看见一张格蕾丝阿凡达和奈蒂莉以及奈蒂莉姐姐的合照，问："学校究竟发生了什么？"

格蕾丝说，奈蒂莉的姐姐非常气愤对森林的砍伐，突然就没有来上学。她有天和一个年轻猎人全身绘上东西来到学校，因为她们烧了一台推土机，所以想要获得格蕾丝的保护，最后却被跟随来的士兵在学校门口射杀了。当奈蒂莉看到这一幕发生时，士兵们还在射杀其他孩子。虽然，格蕾丝带走了大部分的孩子，但奈蒂莉的姐姐却再也回不来了。

　　杰克·萨利对勾起格蕾丝回忆的内疚和失落感到抱歉。但格蕾丝只是微笑地把照片放回到桌子上，并说："一个科学家不能有任何偏见，我们不能被情绪驱动，但我花了十年心血在那间学校，她们叫我的纳美语翻译过来就是母亲的意思，所以这些伤痛跟随我到了现实。"

"格蕾丝说'一个科学家不能有任何偏见，不能被情绪驱动'投射的是作为探索求知者，她的目标是了解大脑，探索潜意识，如果带着情绪会阻碍探索甚至放弃探索。但格蕾丝拥有情感，当她把和纳美人们建立的深厚情感通过回忆带到现实中时，投射的是探索时会沉浸在过去经历中而把当时的情绪带回到现实中，影响我们对于当下现实的判断。因此，情绪一旦驱动，我们的潜意识就会被其掌控，失去觉知力。"杨老师说。

　　这和我探索记录时的感受一样。当我感到自己掉入回忆事件的情绪中难以自拔时，就会久久无法完成记录，还需要花费大量时间来抽离。原来，这与过去事情的好坏无关，都是情绪惹的祸，也是觉知力不够的表现。

　　杰克·萨利再次进入连接状态。他和奈蒂莉在下着雨的森林里拿着弓箭半蹲式缓慢前进。突然，杰克·萨利站起身来，拿起手中的弓箭瞄准，拉弓，一箭射向一个大型动物。动物倒在地上，杰克·萨利和奈蒂莉跑过去，见其动弹不得，始终哀号，杰克·萨利便拿着刀对动物说，"I See You，兄弟，谢谢你"后，干脆地将刀插入要害部分使其死亡。

杰克·萨利开始为它们念咒语："艾娃将与你同在，你的身体将留在这里成为我们的一部分。"说完，杰克·萨利拔出刀，并将刀放回到了刀鞘。

看到杰克·萨利纯熟的射箭技术和念咒语的自然，奈蒂莉说："一箭毙命，你已经准备好了。"

"杰克·萨利的技能在日益娴熟，当奈蒂莉说杰克·萨利已经准备好的时候，投射的是我们潜训练暂告一段落，要开始新的训练。"杨老师说。

杰克·萨利跟随苏泰一行族人骑着六角马，朝着山峰的最顶端驶去。他们要去学习驾驭伊卡兰了。面对悬浮在空中由石头和蔓藤串联在一起的道路，下面是被层层迷雾包裹着的万丈深渊，伊卡兰的栖息地就在这条路的尽头，这对杰克·萨利是一个从未有过的挑战，但杰克·萨利在心里告诉自己："学习驾驭伊卡兰，每位猎人都必经的考验，想要完成这项考验，你必须要先抵达伊卡兰的栖息地。"

沿着垂直的道路不断攀爬向上，终于到达了道路的顶端，却还未到达伊卡兰的栖息地。杰克·萨利跟着苏泰，面前是一座更大的悬浮山，看准机会，苏泰就跳起来抓住一个从山上垂下来的树藤然后往上攀爬，紧跟着一个两个三个也都开始跳出去，每个人抓住一根树藤攀爬，杰克·萨利犹豫了一下也跟着跳出去抓住一根树藤。爬上树藤，他们还要走过横跨在空中的树枝盘绕出来的天桥。

穿过树洞，杰克·萨利一行人就要接近伊卡兰的栖息地了，向下望去山体上飞流而下的瀑布望不到底，这个高度杰克·萨利从未想过。

这时，奈蒂莉骑着她的伊卡兰和杰克·萨利在此汇合，他们要经过山边一个狭窄得只有一个人宽的路才能最终到达伊卡兰的栖息地。

苏泰让杰克·萨利先来。杰克·萨利听罢就把手中的弓箭给苏泰，伸展伸展身体，开始前往伊卡兰栖息地。背靠着山体，杰克·萨利一步一步挪着步伐往前走，此时，奈蒂莉也跟在杰克·萨利身后。

"驾驭伊卡兰投射的是驾驭情绪。杰克·萨利训练潜能时，非常向往尝试驾驭伊卡兰，投射的是我们都会享受到驾驭情绪时格局上升、生命升华的愉悦感。而我们看到伊卡兰的栖息地风景宜人，并且在高空中，投射的是驾驭情绪，拥有情商的人，会处在人生的高度，看任何事都顺心，看任何人都顺眼，持续拥有喜悦的人生圆满状态。所以，情绪是一把双刃剑，驾驭它我们就能拥有大成就。被它驾驭我们就会一事无成。"杨老师说。

"我想到有句话叫'智商不够，情商来凑'说明情商的重要性。那，电影中，杰克·萨利说要完成这项考验，必须要先抵达伊卡兰的栖息地投射的是什么呢？"我问。

"这表示做情绪的主人，首先要找到觉知情绪的通道，才能接纳情绪。"杨老师说。

杨老师再一次提及觉知，也提及通道。仿佛探索自己每时每刻都应在觉知的状态里，我们才能找到通道看见它，并具有显微镜一般的观察能力。

没有觉知而情绪泛滥的人就是不知不觉，而现实中有的人，安静三秒就可能觉知到情绪的源头，接纳、转化并化解更大矛盾的产生，我们觉得这种人充满智慧，就是先知先觉。而有的人，在事情发生后才反应过来，就是后知后觉。如果找到自己连接潜意识的觉知通道，我们就能从后知后觉变成当知当觉，最后获得先知先觉的能力，拥有高情商的智慧。

"杨老师，觉知情绪的能力我们应该本来就会。只是不论家庭、学校，都把时间和精力花在了技能的训练上，而忽略了觉知力的训练。如果家庭中能够有意识地训练觉知力，不但可以避免很多悲剧，而且还可以激活人类的创造力。"我说。

"技能需要的是智商。光拥有技能或者拥有智商只能实现小业，无法成就大业。拥有觉知力，就能在拥有智商的基础之上拥有情商，驾驭情绪，与潜能匹配，发挥领袖级的魅力。"杨老师说。

随着探索记录的重复训练，我的身边会奇迹一般地发生与探索相关的事件。这种奇妙的感觉，像是在帮助我训练觉知力并且应用于生活中一样。然而，我们所运用的一切投射，本来就都不应只在概念上，而应当真正应用于生活中。这时，我会发现生活处处都在看见自己，而处处都拥有训练觉知力和驾驭情绪的机会。

对于情绪，我想我是很有发言权的。我家就常爆发情绪大战。母亲的急脾气常令我措手不及，总和她发生冲突。但当我知道母亲内心对我的爱和探索自己后我也总想找到方法缓和和她的关系，尤其在自己有了孩子后。

> 一天晚饭时，孩子觉得冷，就想把门关上。而母亲觉得这样家里不通风，让孩子冷就穿上衣服。孩子坚持关门，走到门口时，不小心把脚下的香炉踢翻了。炉灰洒了一地，母亲就开始带着情绪批评孩子，不停唠叨，而孩子转身躲进了房间。

> 母亲在卫生上，有如同洁癖一般的要求，令我常常很不开心。母亲总认为她是对的，我们就会僵持，除非我妥协。我想，这次孩子打翻香炉，延续了母亲对我卫生要求的习惯，由此衍生了家庭情绪矛盾。
>
> 事情发生时，刚好我不在旁边。看着冷清的饭桌，我一脸懵。我傻傻地问母亲孩子去哪了，母亲冷冷地说了句"不知道"，就不再开口。我在房间找到孩子询问原因，儿子也不说。
>
> 这时的我面临两难，如果我和母亲说道理，不仅没用，反倒会被母亲教育批评一番。如果我和孩子说道理，孩子年纪小，他一委屈了我也心疼。
>
> 每当我遇到这样的问题时，我的做法经常是不说话、不表态、不关心的样子。这时，母亲就会想，我怎么一点反应都没有，吵架都不知道劝。而儿子就会想，妈妈怎么不来帮我。于是，我又开始尝试倾听的方法。在什么都做不了的情况下，把自己当成"垃圾桶"听别人说。结果，他人宣泄了情绪，我吸收了别人的负面情绪，却无法自我排遣。
>
> 这时我发现秉持少说少错的原则，让自己避免陷入情绪中，只是我的想当然。我的情绪，他人通过行为，语言，表情就能察觉或者感受到。所以，控制和压抑的方法，并没有帮助我解决家中情绪冲突和关系紧张的问题。

"杨老师，我在探索记录时就发生了一次家庭情绪大战。当时我觉知到了自己过去的情绪应对模式——不关心也不表态的冷处理模式。当您提到要觉知情绪时，我开始尝试应用。"我对杨老师说。

"你是怎么运用的呢？"

"我记得前面提过觉知和接纳。我用觉知来理解。眼、耳、鼻、舌、身、意六觉是在左右脑、显意识和潜意识中转换的。孩子和母亲的这次情绪大战主要用到的是视觉、听觉、意念觉。我的母亲看到听到孩子打翻香炉后,她的意念觉就形成家里脏了,又要她搞卫生了的惯性思维,当这个惯性思维呈现时,她有了孩子不听话的评判和生气的情绪。

"生气的情绪产生后,批评和唠叨就是她的习惯性行为。唠叨的声音,传递到孩子的听觉中,孩子产生了又被外婆批评的习惯思维,有了委屈、不开心的情绪,接着产生了躲房间、不说话、不理人、哭泣的惯性行为。

"这就是发生在他们两人左右脑,从情绪产生到配套行为动作在大脑的显意识和潜意识中,在长期家庭情绪冲突环境中,六觉被训练出来的运作过程。看见这个过程,就找到了情绪的源头,这就是觉知。接着,便是接纳和处理。所以,我觉得处理情绪,觉知是前提,接纳是处理的结果。"

"很好。那觉知到后,你是如何接纳?又是如何处理的呢?"杨老师问。

"我理解了真正的接纳,对人来说就是把对方当成一个普通的生命个体,没有是非好坏的价值观评判去面对他,这就是一种内心富足的接纳。在这件事情上,还没有觉知时,我也差点就走入原来的情绪模式中。但当我开始觉知时,第一时间我告诉自己的便是,无论母亲和儿子当下是什么样的情绪状态,那都是他们的情绪和我无关,所以我不能陷入他们的情绪中,才能有觉知地接纳和处理。"

我一边回忆一遍梳理地继续说:

"我分别都找了孩子和母亲,想弄明白经过,两人都不开口。在我再三追问下,母亲才开口。这时,母亲的情绪是生气,认知都是孩子的错。她说'你儿子犯错不承认,还生气,生气下次不要来外婆家!''来一次给我捣乱，不想你来了！''我又没生气，都是你儿子惹我生气的！'。

"我倾听的同时也觉知到，这其实是母亲没有觉知，所以不能控制情绪的表现。而我有觉知，所以我接纳此刻的母亲，不评判，并尝试帮母亲把情绪表达出来，对母亲说：'您真的不想让孩子来吗？真的的话，为什么每次孩子来还煮他喜欢吃的菜呢？''真的是孩子的行为惹您生气了吗？还是您觉得他没有听您的话把衣服穿上，而是去关门了？'我和颜悦色，细声细语，带着微笑，继续说，'您是想让孩子来的，所以每次都煮他喜欢吃的菜，孩子也会喜欢和您一起，一放假就要粘着您，来您这里住。就算被您骂，都还是想来。'说完，母亲便很快觉知到了什么，放下了长辈的控制和自己的面子去找儿子。

"解铃还须系铃人，母亲能接纳儿子，儿子也很快回到了饭桌上。

"接着我开始处理孩子的情绪。我先帮儿子表达说：'其实，你是想把打翻的香炉收拾好的是吗？但是外婆反应太快了，你还没来得及，外婆就已经去做了，然后又批评你，所以你感到委屈对吗？'这时儿子感到被理解了，缓和了情绪。

"我继续说：'你也知道外婆就是动作很快的，而且是刀子嘴豆腐心的急性格。你每次来，外婆都给你做好吃的，这么疼爱你，刚才外婆和你道歉了，但你确实做错了事情，被批评了，你可不可以也和外婆道歉呢？''这件事，你可以勇敢和外婆说，打翻香炉你错了，然后告诉外婆你想等下自己收拾，我想外婆能理解的。'

"说完，儿子点点头。对着母亲说'外婆，对不起！'

"就这样，当着两个人的面，当我始终保持平和的情绪时，我的觉知始终在线，我的接纳也始终在线，便能很好地处理情绪冲突，并让不良情绪自行消退。这就是我化解这件事的全过程。"

"看来，你对觉知和接纳的理解和运用都十分透彻了。这个觉知和接纳理解做得都很棒。训练情商的第一步就是从情绪泛滥的境地中，去觉知情绪的源头，不在事件的表面上做评判，接纳已发生的事情，对情绪进行管理。而觉知情绪的能力，如果训练成你自己的意念觉自动化模式，那么你不仅可以驾驭自己的情绪，也可以驾驭他人的情绪。在这件事情上，你的处理，已经表现出了驾驭情绪的能力。"杨老师说。

第一次，我也对自己利用觉知和接纳处理情绪的能力感到满意，却并没有觉知到自己如老师说的，如何拥有了驾驭情绪的能力。于是我问老师说："杨老师，我驾驭情绪的能力是如何体现的呢？"

"这件事情，你处理之前先把事情和情绪做了区分，那你的处理就是觉知情绪的递进过程。在看到母亲不知不觉，不会控制情绪发生和儿子情绪冲突时，你不仅能保持觉知，不陷入他们的情绪冲突中，还能管理他们的情绪，并把事情处理到你们三个人都相互接纳，你就做到了管理情绪。对母亲的沟通过程，就是你引导母亲学会情绪管理的过程。而同时，你和儿子的沟通，并引导儿子向母亲道歉，就是你情绪管理递进到了驾驭情绪和利用情绪的层面。这时，你拥有了更高层次的情绪管理能力。因此，对于情商训练，老师也有一个情商训练的五大阶梯（如图5所示）。

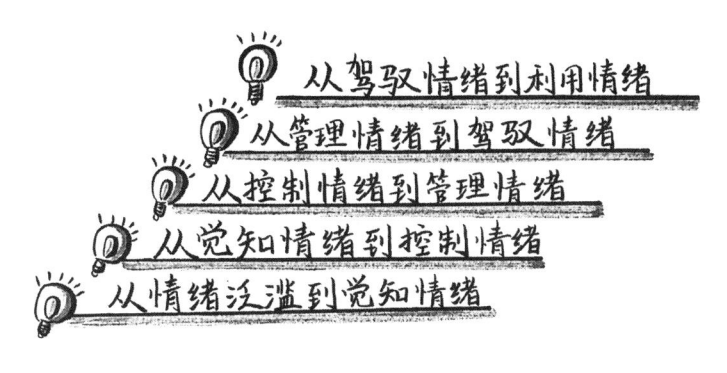

从驾驭情绪到利用情绪
从管理情绪到驾驭情绪
从控制情绪到管理情绪
从觉知情绪到控制情绪
从情绪泛滥到觉知情绪

图5　情商训练的五大阶梯

"只是，在情绪管理中，想要让人从心里真正地接纳，学会倾听也是一个十分重要的处理方法。人在情绪当中，要是能够把所有的话都说完，情绪得到了释放，事情会自然化解。因为倾听，他感受到了你是他的同盟军。"杨老师说。

"杨老师，其实，根本就在于一直保持觉知，就能很好地控制情绪了对吗？"

"是的。只要你能一直保持觉知。你自然就能做到控制情绪。但是，要知道控制情绪，是让情绪存在，而不是试图压抑它。没有人可以完全做到不生气或者不难过，做到没有情绪，压抑的情绪迟早会像火山一样爆发。时刻保持觉知，是让我们接纳情绪的存在，并进行转换，让情绪被接受和平衡掉。"杨老师说。

其实，我感到情绪都不会单独存在。它会伴随面子、隐私、恐惧、安全感，尤其是恐惧和安全感一起出现。而觉知情绪发生的源头，其实就是觉知如果它从安全感来，我们就要让自己获得真正的安全感；从恐惧中来，就要把恐惧和情绪一样，转换成正面的力量。

"也就是说接纳情绪后，我们可以把负面情绪转换成正面情绪，情绪转换了就处于平衡的状态，同时让我们拥有正能量。如同把恐惧转换成力量一样，对吗？"我说。

"是的。当你能够控制情绪了，管理它也就不难了。跨出了第一步，拥有觉知情绪的能力，接纳情绪的存在，情商的训练就会变得容易很多。而情绪的管理就是沟通。如果是好的情绪，就会产生积极的影响，如果是坏的情绪，就会产生消极的影响。它令你可以和他人产生情绪共鸣。但是，沟通要先学会和自己沟通。沟通自己的情绪来得是否合理？借由和自己沟通情绪的过程，来获得处理情绪的方式和方法。"杨老师说。

情绪沟通，让我想到了左右脑里的两个我。情绪来时，左脑的我用认知识别并加以评判，右脑的我用感觉感受并体验情绪。右脑把感觉告诉左脑，左脑把感觉变成评判和其他感觉对比，寻其究竟情绪的真假和发泄的意义。经过左右脑两个我比对沟通后，就发现情绪会以各种形式出现，无法消灭也无法评判，让它们安静地存在，就是最好的安放办法。这时候，和自己沟通情绪，也就自己管理好自己。

"杨老师，我很喜欢情绪这个礼物。觉知到它，我就可以看着它乖乖地被我控制、保管，接着被我拥有。如果我需要，我就拿它出来和我或者我的朋友们一块玩一下。如果不需要，我就让它待在那里安静地陪着我。我可以根据需要使用它，是不是就是驾驭情绪的体现呢？"我兴奋地和老师说道。

"当然，情绪直接影响人的生活质量和生命质量。能驾驭情绪，你就是自己生命的主人。能驾驭情绪你就生在天堂，就是天使；被情绪驾驭就活在地狱，成了魔鬼。情绪，可能成为你潜能爆发的助力器。真正成功的人士，都是因为掌握了驾驭情绪的真理，创造出了他们伟大的事业。情绪是一匹烈马，驾驭好可以把负面变成正面，甚至把损失变成价值。"杨老师笑着对我说道。

情绪每时每刻都存在。用心觉知和接纳它，从控制到管理，便会发现，无论是消极还是积极的情绪，都是生命的馈赠。让我们快乐时，享受快乐；悲伤时，接受悲伤。

"杨老师，那么驾驭情绪的最高境界会是什么样的呢？"我问。

"当我们开发潜能，并拥有驾驭情绪的能力后，追随者就会出现。这意味着，我们需要领导他人，在驾驭自己情绪的同时，借由情绪管理他人。这，就是驾驭情绪的最高境界——情商。杰克·萨利在电影中，最后获得了胜利，是通过召集潘多拉星球众多部落来加入战斗实现的。这就是他情商的体现，也是一个人领导力的最高表现，但是这里更多还是在学习驾驭情绪。我们跟着电影一步步看它是如何做到驾驭情绪的最高境界吧。"说着，杨老师把我带回到电影中加深对驾驭情绪的体验感。

越往前走，杰克·萨利离伊卡兰的栖息地便越近，甚至能够听到伊卡兰的叫声。

杰克·萨利转身看见了栖息地上的伊卡兰。奈蒂莉对杰克·萨利说："现在你要选择你的伊卡兰，你要用心去感受，如果它也选择你的话，你的动作要快，像我示范的那样，你只有一次机会，杰克·萨利。"

"我要怎么知道它选上我？"杰克·萨利问。

"它会试图杀掉你。"奈蒂莉对杰克·萨利说。

"太好了。"说完杰克·萨利便径直走向伊卡兰的领地拿出了自己的绳索。

杰克·萨利寻找自己伊卡兰的过程中，有的看到杰克·萨利躲避开，有的飞走了。此时，杰克·萨利转身面目狰狞地对一个伊卡兰张开嘴示威，而伊卡兰也正面与杰克·萨利呼应示威。杰克·萨利知道没错了，这个应该就是他的伊卡兰，说道："我们开始跳舞吧。"

说着开始转动手中的绳索，看准机会和时机用绳索套住伊卡兰的嘴巴，然后爬上了他的脖子紧紧抱住。

此时被杰克·萨利套住的伊卡兰，摆动着翅膀想要挣脱，杰克·萨利紧紧抱住不松手，并且用手按下伊卡兰的头部，就在挣扎不下时，奈蒂莉提醒杰克·萨利道："快点连接纽带。"

杰克·萨利松开一只手抓住伊卡兰的纽带，想要连接，但是伊卡兰一挣扎就把杰克·萨利甩到了悬崖边。

"在去伊卡兰栖息地的时候，杰克·萨利所经历的艰难险阻，包括悬崖、攀爬绳索、深渊的危险，还有苏泰一行人的眼光等等，投射的是从觉知到驾驭情绪的困难过程。而此时训练过程中经过悬浮山和树枝盘绕的天桥，投射的是面对情绪时恐惧情绪转换的平衡体现。"杨老师说。

"杨老师，那为什么奈蒂莉会和杰克·萨利说只有一次驾驭伊卡兰的机会呢？"我问。

生活中情绪发生的机会，不计其数。每个情绪都要抓住觉知它的机会，练习从觉知、接纳、控制、管理到驾驭的过程。而伊卡兰是情绪的投射，电影中有那么多，却只有一次驾驭机会，对此我不理解。

"觉知、接纳、控制、管理是处理每一次情绪的过程，但驾驭情绪却不是随时能做到的。驾驭情绪如果在某个时间段之内完成，就可以永久驾驭。否则，要在经历大事时，才又有机会。杰克·萨利在驾驭伊卡兰时，差点掉下悬崖，投射的就是不能一次驾驭情绪，就有送命的可能。包括，奈蒂莉告诉杰克·萨利，如果伊卡兰试图杀掉他，就说明它选择他了。投射的也是，驾驭情绪时机的重要性。这也再一次解释了，那些社会上因为一件小事而酿成悲剧事件的背后，它们都是被情绪控制的失败者。"杨老师说。

情绪是把双刃剑。驾驭它就无所不能，被它驾驭就有可能送命。我想起新闻中每每出现的暴力和矛盾冲突事件，它们都是情绪失控造成的。我们的生命是如此的充满智慧和力量，如果因为缺少了对情绪的觉知，没有把情绪控制和管理好，就会让自己和家庭陷入绝境。

> 杰克·萨利抓住悬崖边的藤蔓爬了上来，快速地又爬上伊卡兰的背。奈蒂莉提醒杰克·萨利"萨黑鲁"，杰克·萨利用脚把伊卡兰的头稳定住，然后快速用手把自己的辫子和伊卡兰的纽带连接了起来。就在连接成功的那一刻，伊卡兰的瞳孔放大，杰克·萨利让伊卡兰安静点，伊卡兰便停止了反抗。降服伊卡兰的杰克·萨利爬起身来说："太好了，没错，你是我的了。"
>
> 杰克·萨利解开绑在伊卡兰嘴上的绳索，伊卡兰载着杰克·萨

利慢慢地站起来。这时奈蒂莉过来和杰克·萨利说："第一次飞行认定关系,你不能等,想着飞!"伊卡兰便带着杰克·萨利飞了出去。

伊卡兰载着杰克·萨利纵身垂直向下飞翔,翻身,杰克·萨利还没有掌握驾驭伊卡兰的方法,被伊卡兰带着四处乱飞撞上山体又飞了出去。

这时杰克·萨利说："闭嘴,直飞!"伊卡兰终于听话了,按照杰克·萨利的指令平稳地飞行。左转,水平,杰克·萨利控制着伊卡兰在空中飞行的方向。远处奈蒂莉看了十分喜悦,连忙骑上自己的伊卡兰跟上杰克·萨利,并与杰克·萨利并驾齐驱。

"杨老师,当杰克·萨利与伊卡兰连接时,伊卡兰瞳孔放大的特写是否投射的是驾驭情绪后,潜能发挥,胸怀和格局扩大的意思?"我说。

"是的。这时,奈蒂莉让杰克·萨利抓紧时间试飞,并且说这是确定关系重要的时候,投射的是,生命遇到挑战时,就是我们驾驭情绪的合适时机。一旦在此时驾驭,便能永久掌握这项技能,并让它终身为我们服务。"杨老师说。

我们的生命是苦还是甜,其实都是一念之间情绪带来的感受。驾驭情绪,能让我们走在圆满人生日子里活出甘甜的自己,能让我们发挥潜能创造性,拥有智商和情商的自己。

杰克·萨利和奈蒂莉分别驾着伊卡兰一起在空中翱翔飞行,自由自在,杰克·萨利对奈蒂莉高兴地呼喊着："嘿,宝贝我成功了!"杰克·萨利想着自己总是不能很好地骑六角马,却能驾驭伊卡兰轻松飞翔。

驾驭了伊卡兰之后，奈蒂莉继续教杰克·萨利如何更好地飞翔和进行方向的转换，如何才能够驾驭得更好。此时，和杰克·萨利一行的人都找到了自己的伊卡兰并驾驭了他们，他们一起在天空中翱翔飞行。或俯冲，或平飞，驾轻就熟。

　　"你看，杰克·萨利其实在训练六角马时骑得并不好，还经常摔下来。但驾驭伊卡兰的时候却自信地说他天生擅长。这说明杰克·萨利的潜能在激发它勇敢地驾驭情绪，拥有情商。投射的是杰克·萨利是拥有最高领袖情商的代表。现实中，很多领袖并不是真正在技能专业领域上最厉害的人，但他们却能掌控一个团队、集团，这意味着情商胜过于智商，如果同时激活潜能便能成就自己圆满的人生。"杨老师说。

　　他们飞翔着看到了灵魂树，格蕾丝告诉过杰克·萨利，灵魂树是他们最神圣的地方，在实验室的设备上显示出灵魂树附近那些有漩涡的地方，有磁性的地方就是会使仪器设备失灵的地方，而这里还有很多有趣的生物样本，格蕾丝很想冒死去取点样本，即使那里外人严格禁止进入，但是杰克·萨利可以进入，让格蕾丝感叹杰克·萨利实在太幸运了。

　　"电影中这里开始出现灵魂树了，它投射的是潜意识里人的精神的终极能量，是我身心灵能量源泉。而这里外人严格禁止进入，当格蕾丝看见杰克·萨利进入时感到幸运，投射的是所有探索最终都是围绕潜意识的终极能量进行的，但除了自己没有人可以到达，并且如果没有想要到达的坚定信念，也难以成为找到'真我'的幸运儿。"杨老师说。

　　回到潘多拉星球，纳美的骑士们正在骑着六角马追逐奔跑的动物们捕猎，杰克·萨利和奈蒂莉一行人驾着伊卡兰在他们头顶的上空中飞翔。骑士们几次想要用手中的武器去射杀猎物，都无法刺穿猎物背上又厚又硬的背脊。

苏泰站在伊卡兰身上从空中一箭刺中了一头猎物的眼睛令其倒下，杰克·萨利找准时机也用同样的方式一次射中。这时，杰克·萨利和奈蒂莉都兴奋极了，驾着伊卡兰在空中飞翔并欢呼。

"俯冲！"一个大型飞鸟的影子从上空中遮盖住杰克·萨利，杰克·萨利立刻提醒奈蒂莉用俯冲来躲避它的袭击。

这个全身都带着枫叶红一般颜色的大鸟紧紧跟随在杰克·萨利和奈蒂莉的身后，他们俯冲，大鸟也俯冲，即使穿进了树林中，也依然紧追不放。杰克·萨利带着奈蒂莉在树林里迂回穿越，他们顺利地通过了一个密集树枝围成的类似栅栏一样的障碍，大鸟因为体积太大无法穿越，这才让杰克·萨利和奈蒂莉躲开了它的追随。

大鸟飞走了，杰克·萨利和奈蒂莉驾着伊卡兰停靠在一棵大树的树干上，稍事休息缓解刚才奋力甩开大鸟时候的紧张，两个人对彼此成功摆脱大鸟追逐的努力都感到自豪，相视而笑。

杰克·萨利和奈蒂莉回到了纳美人聚集的山洞中，站在一个同追逐他们大鸟一样的化石面前，奈蒂莉说："我们的人管它叫作'狮鹰翼兽'。它是吐鲁克，最终魅影。"奈蒂莉告诉杰克·萨利这个大鸟的名字。

"我的曾曾祖父是吐鲁克马克托，'魅影骑士'。"

"他骑这个？"杰克·萨利好奇，有人可以骑它。

"吐鲁克选择了他，根据我们族人的传说，历史上只发生过五次。"

"那还真是历史悠久。"杰克·萨利看着化石，感到这是一个十分久远的事情。

"是的，魅影骑士非常伟大，他曾在苦难时期把所有的部落凝聚起来，每个纳美人都听过这个故事。"魅影骑士让杰克·萨利感受到了强大的凝聚力。

"奈蒂莉在和杰克·萨利说魅影大鸟时，提到了魅影骑士凝聚部落的伟大还有历史上只发生过五次的罕见。这里魅影大鸟投射的就是情商。魅影从字面来看，魅就是魅力，影就是影响力。所以，能够驾驭魅影的骑士投射的就是拥有魅力和影响力的王者。现实中，这样的王者就是最高领袖级情商的体现。"杨老师说。

"杨老师，我发现越能驾驭情绪的人，他的生命会越来越绽放，越来越强大。因为他们不再被外界的一切所掌控，并且能掌控除了情绪外，包括面子、隐私、安全感和恐惧。"我说。

我想起那些气场强大的领袖们，在驾驭情绪之后，他们可以完全不顾一切地做好自己的事情。而他们，也因为不受干扰，才能够成就一番伟业。

"伟大的领袖，都要拥有利用情绪控场的魅力和影响力。这种能力是每个人身上的无形资产。"杨老师说。

此时，杰克·萨利从连接中醒过来，他感觉每一件事好像都颠倒了过来，仿佛潘多拉星球的一切才是真实的世界，而现实这里反倒变成了一场梦。

现实里的杰克·萨利残疾的双脚萎缩得比手臂还要细，反复与潜意识的连接和投入让他的脸上的胡子都长了许多，现实的人和在潘多拉星球的阿凡达相比，简直判若两人，他没想到日子才过了三个月，因为他开始记不起以前的生活，他甚至忘了自己是谁。

杰克·萨利录像完后看着镜子中的自己，给自己的脸上涂上泡沫，将自己蓄得很长的胡子一点点地刮掉，而后来到了和库里奇的交谈的私密空间中。

"当杰克·萨利驾驭伊卡兰和情绪的本领一并训练时,杰克·萨利带着觉知力进入潜意识的感觉也越来越好。因此,他分不清真实世界和潜意识世界,甚至认为潜意识世界才是真实世界。投射的是我们在寻找'真我'的过程中,会因为觉知力的提升而感到生活充满美好,并享受其中。

"但现实的人事物会提醒我们还活在现实里。这时,我们随时把觉知力应用于生活中,并按照自己的意愿开始改变行为训练激活潜能,驾驭情绪,我们就会让自己的真实世界和潜意识的世界合二为一,始终活在自己创造的潜意识真实世界中,活出自己圆满的人生。"杨老师说。

我想,这如同我沉浸在探索记录时专注到不会被任何外界影响时候的状态了吧。这时,我能感受到"真我"潜意识指引我做自己喜欢事情时候的愉悦,也因为自己的坚定和持续,逐渐被外界所接受。

而因为觉知力的提升,自己的情绪也变得更加稳定。这时,驾驭情绪,也许我还不是一个伟大的领袖,但是我已经在圆满自己的人生和成就自己人生的路上前进了。

你的练习

1. 驾驭情绪，修炼情商

探索者	情绪来源	情绪事件	情绪处理	驾驭情绪
周卉	原生家庭母亲情绪	母亲和儿子的冲突	控制、管理、驾驭、利用	觉知力提升

（说明：读者用铅笔做自我练习）

2.参考填写"我、身、心、灵",觉知从探索之前的身心灵不合一状态变成合一状态的工具。

全息心理健康
觉：　　　情绪的双刃剑
价值观：管理情绪
情　绪：接纳、宽容

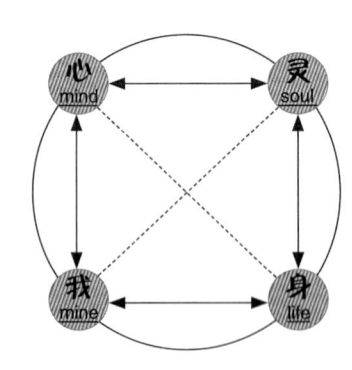

全息伦理健康
姓名：周卉
角色：情绪的主人
关系：自我和谐

全息精神健康
念：　　开心、快乐
使命：驾驭一切情绪
信仰：情商、智慧

全息身理健康
性别特质：女性
身相：女性气质
体质：健康的女性特征

——— 读者用铅笔做自我练习 ———

全息心理健康
觉：＿＿＿＿＿＿
价值观：＿＿＿＿＿＿
情　绪：＿＿＿＿＿＿

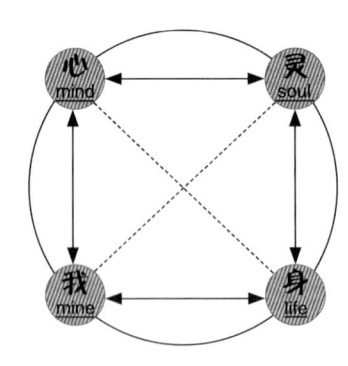

全息伦理健康
姓名：＿＿＿＿＿＿
角色：＿＿＿＿＿＿
关系：＿＿＿＿＿＿

全息精神健康
念：＿＿＿＿＿＿
使命：＿＿＿＿＿＿
信仰：＿＿＿＿＿＿

全息身理健康
性别特质：＿＿＿＿＿＿
身相：＿＿＿＿＿＿
体质：＿＿＿＿＿＿

觉知真爱

成为爱的源泉，重新让生命焕发生机。

当驾驭情绪与潜能一同开始用于圆满人生时，累觉不爱的感受似乎开始慢慢消退。这时候，我感到爱被唤醒，更想要活在充满爱的世界里，让生命焕发生机。如果，你和我一样用心投入看见自己的探索，用身修心，觉知力提升。接下来让自己成为爱的源泉，拥有真爱，便是我们共同需要修习的功课。

电影《阿凡达》的投射，从面子、隐私、安全感、恐惧、无畏、家园、潜能和情绪带领我逐渐提升觉知力。当我看到杰克·萨利被魅影青睐并跟随时，仿佛看到了自己未来拥有情商时的智慧模样，令我充满希望，亦更加渴望用爱来实现更大的成就。那么，杰克·萨利会如何带领我成为爱的源泉呢？带着觉知力跟着电影一起探索吧。

"你没在森林里迷失了自我吧？"库里奇走过来质问杰克·萨利。

"距离你上一次的报告，已经是两个星期前的事了，我都开始怀疑你是不是放弃了，在我看来，是时候终止这项任务了。"

杰克·萨利此时剔去胡子精神又帅气，面对库里奇也充满了底气和自信。他说："不，我可以完成。"

"你已经完成了，你给了我很有用的情报，这个叫灵魂树的地方。对，我有这个把柄在手，作战时就可以逼他们就范，战争不可避免，是时候归队了。"库里奇拍拍杰克·萨利的肩膀，继续说："你可以重新站起来了，我已经帮你取得了公司的同意，全部搞定了，你今晚就可以搭船回家了，我是个说话算话的人。"

库里奇想劝杰克·萨利离开这个项目并兑现交易。但是杰克·萨利却说："我必须把它完成，还有最后一件事，一个仪式，这是成为纳美人的最后阶段，如果做到了，我就会成为他们的一分子，他们就会信任我，我就可以跟他们谈搬迁的事宜。"杰克·萨利眼神坚定。

"那么，你最好把它搞定，下士。"库里奇警告完杰克·萨利后便离开了，杰克·萨稍稍松了一口气。

"杰克·萨利提到的仪式，投射的是自我确认的仪式。现实中，明确'真我'的人都会经历一段至暗时刻。伴随面子、隐私、恐惧、安全感等这些'小我'的评判和社会法的眼光。然而，一旦看见'真我'了，就会拥有无畏精神，在家园里还原、开发潜能、驾驭情绪，逐渐成为'真我'。这时候，我们总想要向全世界宣告，自己的破茧成蝶，于是我们会给自己一个仪式，当成对自己的奖赏。"杨老师说。

我感到当我开始期待仪式感到来时，就会意志坚定。就像杰克·萨利坚定地拒绝库里奇兑现承诺的要求，并执意要求完成成为纳美人的仪式时一样，这时我们都没有任何的内耗。

杰克·萨利再次与潜意识连接，完成真正成为纳美人的仪式。

此时，奈蒂莉在手指上粘上白色的浆液，涂抹在杰克·萨利阿凡达的周身。白色浆液凝固后在杰克·萨利身上呈现螺旋的图案，就像精神文明的图腾。

此时杰克·萨利的内心说："纳美人说，每个人出生后都会经过两次洗礼，第二次就是当你在族人面前获得一个永久的地位。"

奈蒂莉帮杰克·萨利画完身上的图腾，一起去到完成仪式的族群中。这时，伊图肯和莫娅也做好了准备，当杰克·萨利到来时，伊图肯对杰克·萨利说："你现在是奥马蒂卡亚族之子，你是我们的一分子了。"

"在成为纳美人仪式之前奈蒂莉在杰克·萨利身上画上白色的图腾，投射的是连接潜意识时觉知力的记号。这说明，杰克·萨利已经拥有很强的觉知力并成为它的意念觉。而杰克·萨利在仪式前内心说：'每个人出生后都会有两次洗礼。'投射的是出生时拥有生命的第一次洗礼和找到'真我'开启新人生的第二次洗礼。"杨老师说。

其实，两次洗礼就是"小我"和"真我"从分裂到合一的过程。出生时成为"小我"的洗礼，我们在社会法下，活在性别、角色和关系中，通过追求面子、遮盖隐私、追逐假象安全感、充满恐惧、对外在的追求，活在显意识知识和经验中。而"真我"人生开启的洗礼，我们在梦想的指引下，拥有无畏精神、开发潜能、驾驭情绪、获得真正的安全感，活在潜意识的无限创造中与"小我"合一，了悟生命的意义，走向圆满人生。

这过程中，我始终需要带着觉知力去探索和体验。当觉知力成为一种习惯时，潜意识里就留下记号，为我的精神图腾找到了连接点。这时，我可以借由它，收获更多的智慧，拥有帮助自己和他人的方法。

"杨老师觉知力的记号拥有时，为什么会有信息冗杂，难以聚焦的现象呢？"我想起探索记录时被混乱信息干扰的现象问道。

"潜意识里有许多信息，要进入潜意识寻找指定的答案，一定要带着信念。而这个信念就是梦想和使命。人体内的能量是守恒的，如果觉知力的能量消耗在生活的琐碎中，就会令人感到疲惫。所以，开发潜能，驾驭情绪的目的就是要把连接潜意识的能力通通用于潜能的发挥，梦想的实现上。否则，就是在想得太多，做得太少上自我内耗！"杨老师说。

我终于找到了探索进程有时快，有时慢的原因。其实，觉知力的记号就像催眠的暗示语一样，当我们带着问题，跟随暗示语进入催眠时，潜意识就会带领我们去到指定的地方，找到我们问题的根源，看见真相。反之，我们就会被无限杂乱无章的潜意识信息所干扰，消耗能量。

因此，我们需要把觉知力的记号用于坚定地相信未来上，为自己开展超越时间疆域的潜能开发、价值创造，拥有缔造伟大事业的能力。

> 说完伊图肯站在杰克·萨利对面用双手搭在杰克·萨利的肩膀上，接着奈蒂莉、莫娅、苏泰以及所有纳美人们由里到外依次层层叠叠地操作。看起来，他们共同编织了一个以人为经络的大型网状结构，在向宇宙集体呼唤，形成宇宙共振。
>
> 这一刻，格蕾丝感到十分的开心和感动。

"纳美人人与人之间前后搭肩的网状形成，杰克·萨利经过这样的洗礼就成为纳美人。投射的就是人与人之间能量网络的构建，会给'真我'生命注入使命的能量和信念的力量，并获取爱的能量。这如同我们与有着同样兴趣爱好、志同道合的人一起会发生同频共振，并充满喜悦、充满爱一样。"杨老师说。

人就是一个能量的个体，通过连接，能量会传递，获取爱的能量，爱也会被唤醒。

在带着宇宙之光的森林中，奈蒂莉带着杰克·萨利穿过有流水的桥，来到灵魂树的所在的地。一些带光的生物，错落旋转地飞在空中，伴随着他们往灵魂树的深处前进。

灵魂树的枝蔓发出白色的光，把夜晚照得格外明亮，奈蒂莉和杰克·萨利充满愉悦。杰克·萨利好奇地用手拂过一条条发着白色光的灵魂树枝条。

奈蒂莉对杰克·萨利说："这是我们族人祈祷的地方，有时候你的祈祷也会灵验。"说完，奈蒂莉把自己的辫子与灵魂树白色的枝条连接，白色枝条的光更亮了，奈蒂莉闭上眼睛说道："我们称这些树为'模特拉亚莫克力'，声音之树，先灵之声。"

杰克·萨利听着，有些不是太理解，但也随即拿起自己的辫子，学着奈蒂莉的样子放在灵魂树白色枝条上进行连接，白色枝条发出明亮的光，杰克·萨利听到了仪式时纳美人给杰克·萨利吟诵的咒语，还有孩童们的声音，说："我可以听见他们。"

奈蒂莉走过来，同杰克·萨利一起倾听，她感到开心地说："他们还活着，杰克·萨利，与艾娃同在。"

此时，示意奈蒂莉带杰克·萨利回家的灵魂树种子也一伸一缩地从天空中飘落了下来。

"杨老师，杰克·萨利在灵魂树下用辫子和灵魂树连接，是不是与潜意识连接并自我确认的投射呢？"我说。

"是的。杰克·萨利与灵魂树的对话，就是你探索记录中回看自己过去经历的过程。现实中，当我们闭上眼睛，带着觉知去听经历的声音和看过去的画面时，与潜意识连接的通道就打开了。这时，我们可以获取潜意识里面强大齐全的功能，开启潜能。同时，我们会不断用自我确认唤醒潜意识中的强大信念，令自己更加坚定。所以，灵魂树投射的是也是纳美人爱的信仰。这时，人们心中的爱会被唤醒。"杨老师说。

奈蒂莉感到十分开心，对杰克·萨利说："你现在是奥马蒂卡亚族人了，你可以拥有属于你自己的弓箭，然后选择一位女子，我们有很多好的女子，尼娜唱歌最好听。"奈蒂莉说着转过身去，手中托起一个圣树的种子。

"我不要尼娜。"杰克·萨利对奈蒂莉说。

"佩拉是位好猎人。"奈蒂莉继续为杰克·萨利介绍族人中优秀的女子。

"是的，佩拉是位好猎人。"话音一落，奈蒂莉惊讶地转过身看着杰克·萨利。

"但我已经选择了，不过这位女子也必须选择我。"杰克·萨利看着奈蒂莉的眼睛真诚地说道。

奈蒂莉感到开心又带有一丝羞涩对杰克·萨利说："她早也已经选择好了。"他们心照不宣选定了彼此。

说完，杰克·萨利和奈蒂莉拥吻，他们的辫子结合在了一起，在艾娃的见证下。

奈蒂莉说："我和你在一起了，杰克·萨利，我们此生永不分离。"杰克·萨利在连接室突然睁开双眼，他没有如往常一样马上打开连接仓，而是看着连接舱内的一切，心里说着："杰克·萨利，你在搞什么？"

"杰克·萨利和奈蒂莉的结合，投射的就是当心中的爱被唤醒时，阴阳能量就开始匹配，并通过爱的能量传递，获得爱的延续以及实现爱的自我全能。而阴阳能量的相互平衡，人格就变得更加和谐、健全和完整。因为真爱本身就是一种伟大的信仰，用爱充满世间，就会播种幸福，完善人格。这时，奈蒂莉投射的是杰克·萨利的阴性能量源泉。而杰克·萨利投射的是阳性能量源泉。"杨老师说。

"可是，到底什么是真爱呢？"

对照电影，杰克·萨利和奈蒂莉结合所体现出来的爱是那么的美好，但现实中的爱却令人感到筋疲力尽。

"想要知道真爱，首先要明白但凡付出需要回报的都不是真爱，但凡为了嫁娶而嫁娶的都不是真爱。比如现代人因为被催婚，所以都喜欢设定某个时间嫁出去，让自己脱单，这是人本身缺爱的体现。而如果过于在意外在的东西，看不到双方为彼此做的小事和行为，我们就感受不到婚姻关系中的爱，成了面子，想要向外求获得，这些都不是真爱的表现。除此之外，最重要的是我们不知道爱是一种能量，每个人自己都可以成为爱的源泉。你可以回忆一下婚姻中，你是不是也曾因为缺爱而让自己变成了现在的样子？"杨老师说。

的确，从结束婚姻到单身至今六年，我在寻找爱，也在渴望爱，但对于爱还是模糊不清。于是，我开始接纳那个缺爱的自己，然后回忆曾经在缺爱的婚姻中发生的经历。

父亲离开后的半年内，我一直在处理父亲留下的所有事宜。而这段时间，丈夫却总是行踪不明。我想尽快地把该处理的事情处理好，让父亲早日入土为安，也就无暇顾及丈夫。

然而，一天下班离开公司时，走在回家路上的我，手机响了。

"你到你公司马路对面来，我有事和你说！"是丈夫的来电，声音听起来有些疲惫，也有些微弱。此时的丈夫已经几天没有回家了。

我来到约定的地点，只看见车子停在路边，车中却无人。

四处查看，拉了一下车门，发现车居然没有锁。我感到奇怪，于是拿起电话拨通丈夫的电话，无人接听！再打，还是无人接听。无奈，我只好坐在车内焦躁地等候。

一会儿，手机短信响了，是丈夫发来。大致内容是最近丈夫发生的事情的经过。他打电话本来是想和我当面说，却害怕面对我。于是，便丢下车跑了。我冷静地拿着手机看信息，做了这样的回复："作为家人，能够做的便是尊重你的决定。如果你决定了，我尊重你。如果你需要，我能做什么你就说。"

我不喜欢吵架，也不喜欢争执，更不喜欢无休止的纠缠。但面对已经发生的事实，我的选择是尽自己的能力支持和帮助对方。在我的意识里面，我认为对他人的成全是一种无条件的给予。信息发完后，我仍然坐在车里，不知道自己在等什么，也不知该如何自处。

我回想自己这段时间里经历的一切，在封闭的车里，期待有什么可以冲蚀那一刻的恐惧和悲伤。刚巧一个朋友打来了电话，陪我聊了一个多小时。我依稀记得我和朋友说："幸好你打电话来了，让我可以释放一下，否则，我可能冲动之下就想走下车冲过马路，撞死了，一了百了！"当时这话带着一点玩笑，幸好，当时的理智和冷静战胜了自己。

父亲的离去，丈夫的出事，公司里散播着谣言，一些原本很好的朋友忽然间断联，亲情、友情、爱情到事业排山倒海一般崩塌，仿佛在考验我那颗强大的心脏。最终强大了我心中那个"无法击垮我的，必使我强大"的能量，也激活了我名字的力量"野火烧不尽、春风吹又生"。

我悄无声息地在公司请了一个月的假，踏上了一场未知的旅程。没有行程规划，对目的地一无所知。踏上旅程时，我给家人发了一条告知平安的信息，没有说目的地，只说要一个人静静，便出发了。

一路上，看着车窗外经过的风景。所有的一切过往都如同电影一样，在我的大脑里面一幕幕的回放。我一路上看着朋友给我推荐的书，也开启了对生命的思考。

漂泊了一个月，我回来了。我平静地选择了放弃婚姻，走入要独立、要努力、要靠自己挣钱来获得安全感的生命模式里。我开始给自己制定学习目标，重拾书本，从亲子咨询到心理咨询。日复一日的加班、熬夜是那些年的常态，也是我在父亲离去、婚姻失败之后为自己找到的生活和心灵上的寄托。

同一时间里，我也从之前上班和家庭的两点一线中开始重新恢复了社交。短短的时间内，好友、闺蜜，陆续进入我的生活。工作更加投入，生活也变得更加丰富。

但是，当我回到家一个人的时候，却发现自己的内心充满了空虚、无力和缺爱。这种感觉越是蔓延我就越是想要独立和包装自己的外在。这种感觉越是强烈我就越是追逐社交的愉悦和兴奋感。当我越来越无法自拔的时候，我就形成了分裂的自己，走向抑郁。

面对外人，兴奋雀跃；面对自己，孤独焦虑。

"杨老师，在之前我就知道自己在婚姻里追逐的都是'假象安全感'。但对于婚姻关系，我仍会觉得在独立、努力、靠自己挣钱的状态里获得的安全感，比在婚姻里渴望从对方身上获得安全感更踏实！"我说。

"要独立、要学习是社会上现代婚姻的常见现象。这是婚姻关系里，女性本身没有的安全感导致的缺爱，也是不知道什么是真爱，而总想要对方给爱的表现。"杨老师说。

正如杨老师所说，我之所以走上一条要独立的道路，对对方总有一种觉得自己付出得太多，却没有回报的抱怨，当时我的学历比丈夫要高，对未知充满了好奇，有探索的渴望。然而当我会得越多时，对丈夫的需要就越少了。同时，还想让丈夫和自己一样积极努力地学习、探讨和交流分享。一旦无法交流或者丈夫有些懒惰，就开始抱怨他不上进，甚至认为自己命苦。

在思想里充斥这些想法时，我越看丈夫玩手机、看电视，我心中越是愤怒和抱怨，并表现在行为、情绪和言语中。时间长了，矛盾就从一条小裂缝，变成了深渊。两个人的关系也就在这个过程中渐行渐远。

"我观察到夫妻关系问题通常都是在双方相互指责和抱怨中产生的。所以现在的人，越来越不愿意结婚，离婚率也日益增高。如果说爱是一种能量，这也意味着爱给我的感觉很虚幻，说不清道不明，难以追逐。"我感到自己对爱充满着疲倦。

"真正的爱就是说不清道不明的。男女之间产生情愫的时候是没有理由的。但女人喜欢用语言来证明。那男人会说，不爱为什么会和你结婚？当生活中的人都麻木没有感受这些行为时，认知就会被表象和社会价值观，以及那些电视里形式化的仪式感所取代。

"老师和你说一个亲身经历的故事。一个丈夫早上去车站接出差回来的妻子，他准备了早餐放在副驾驶的位置，当车准备到车站的时候，为了让妻子可以上车更快坐下，丈夫想把副驾驶的早餐放到后座去，但偏偏就在这个过程中，丈夫没有控制好车子，使车子失控撞上了车站的公共设施，结果车子和设施都遭受了严重的损坏。

"丈夫觉得这个事故其实是因为自己想让妻子快一些上车，把早餐放到后座才发生的，而妻子则一直在关注丈夫开车这么多年了，为什么还会发生这样的事情。原本接车带早餐的行为，演变成一个事故，不仅财产受损了，两个人的夫妻关系也因为此事而发生了口角。

"从这个故事里面，你看到了什么？"杨老师说。

"我觉得丈夫的初心是好的，但是因为事故的发生是当下所有事情里最严重也最坏的，尤其发生了经济损失。所以，它遮盖了所有的事实，包括丈夫对妻子的关心。

"从价值上来说，大损失的事情往往会很容易吸引我们的注意力。但从旁观者来看，其实也没有必要判断对错。因为无论对错也都是该赔的都要赔。要是赔完了，还伤了夫妻感情，我是觉得有点不划算。

"只是，道理说起来容易，换成我在事情当中，也不一定会有如此的理智。"我对杨老师说。

"当你从理智上分析这个事情的时候，就是你习惯性的价值判断。你在不断提及经济损失和价值权衡，这就是你在婚姻里的自动评判习惯，也是你的意念觉。

"但老师的角度是看到了男女表现爱本质不同的真相。这个故事里面，丈夫买了早餐接妻子，想让妻子上车可以更快，把副驾驶的早餐放到后座，于是出现了事故。

"丈夫在用行为表达爱。那么妻子呢？妻子看见事故发生后，就开始责怪丈夫，完全忽略甚至否定了丈夫的行动，这说明，女人爱用价值评估爱，再深入一些就是女人通过语言感受到的爱胜过行动。"杨老师说。

"男人愿意用行动表达爱，而女人喜欢用语言感受爱，价值评估爱！这个真相的确让我有些意外，却事实如此。

"男人是左脑思维，逻辑性强，能够点对点解决问题，直来直去充满理性。而女人是右脑创造，想象力强，能够在一个点上发散一切想象的可能，接着在自己编纂的故事里面自编自导自演。

"比如女人经常对男人的一个电话，一个短信发散想象力，事实上可能男人什么都没做，但是女人就可以把所有的情节演绎得丰富多彩。但事实可能就只是一个普通的电话和短信。

"这种差异性的存在是不可调和的矛盾，我们明白了真相，不能评判谁对谁错，但是也不能用这种不同理所当然的犯错啊，那我们如何才能化解呢？"我说。

"自然，我们了解真相的目的不是评判对错。而是告诉我们要让自己成为爱的源泉，因为只有真爱不会计较和评判这些。爱是唯一可以化解一切矛盾的解药！"杨老师说。

"我还是不能接受，因为每个人都有自己的原则和底线，如果对方屡次触犯自己的底线和原则，难道用爱就可以改变对方？用爱就能够当这件事情完全没有发生过？单纯靠爱来解决婚姻里面的问题，令我感到有一些放大了爱的价值，不着边际！"显然，面对这个问题，面对一切虚幻不实的解答，我表示出了自己的不接纳。

"不着急。真爱的层次和定义如果这么简单就弄明白了，那么探索的价值就不大了，也不会有这么多人因爱反目成仇了。探索中，如果你一下子就陷入情绪中对老师的这句话产生了比较强烈的抵触，那我们就把它先放一放，老师后面再和你说。

"现在，你能不能先来回忆一下你过去在婚姻中，你的丈夫有没有做过一些让你感到佩服或者认可的事情或者行为呢？"杨老师说。

"戒烟。我对烟有点敏感，不太喜欢在有烟的环境里。所以结婚之后，都是让丈夫在阳台上抽烟的。有一年冬天，我有了孩子。但不知道为什么他突然就戒烟了。而且说戒就戒。这点让我很佩服。难道要用这个小事来体现丈夫对我的爱吗？我感到很牵强。"我还带着之前的情绪，继续抵抗着。

"看一个人，由小见大。做事这样，婚姻这样，爱也是一样！我们常以为爱的体现是什么？房子有多大、车子多豪华？还是给你买的包包有多贵？如果一个人把钱都给了你，却天天在外面不回家，这个家有爱吗？"杨老师看见了我的情绪，但依然和缓地问道。

我开始冷静下来了一些,回想起让儿子去问父亲戒烟的真正原因时,孩子说父亲的反馈是"为了不影响孩子的健康"。我似乎能平静地接受,对于男人来说,行动的付出的确要比言语更能体现一个男人的爱和责任。于是，我也开始调整自己回答杨老师的问题说："老师，您是说我过去的婚姻中，丈夫其实是有爱的，只是这件小事，我认为不值一提？而只记住更多他没有做到的事情？"实话说，承认这些，我有些困难，但是事实上丈夫确实做了。

我一点点地从自己不愿意启齿的婚姻中回忆那些尚存的温度，也在探索的同时一点点地消化那些小事、行为上男人所体现出来的爱。其实，还有许多过去婚姻里丈夫做的一些小事，比如月子期间亲自杀鸡煨汤，我感冒生病买红糖姜煮给我喝，我去任何地方他都可以安静地在旁边毫无怨言不催促耐心等待。

当我忽略了从丈夫的行为中去体会爱，加上我没有把夫妻关系放在第一位，我便无法体会到婚姻关系中的爱，自己走入了没有安全感，没有爱的境地。即便，当时丈夫不同意离婚，我还是执意结束了婚姻。

"杨老师，我调整情绪，开始回看自己婚姻中丈夫做的一些小事时，才发现婚姻解体是因为自己在众说纷纭的攀比以及角色位置错位中，让自己走入了没有安全感，感受不到婚姻中的爱。这也是之后我总是无法面对感情也难以面对婚姻，走入感情的真正原因。"当我的情绪平静下来时，能看见的真相和面对的现实也就更多了，自然智慧也会从中获得。

"所以，当老师和你去小事中看爱时，你会回忆起那些曾经婚姻里面的小细节，可为什么当时都没注意呢？"杨老师说。

"因为我在婚姻里面，始终在意关注自己所坚持的那套理论，没有关注到他人，更没有真正地进入生活里，还原自己的身份。离婚后，我也并没有对失败的原因做总结，而是掉入了社会的外在评判里寻找安全感。"我说。

离婚前，对于婚姻和爱情，我坚持着自己的一套简单又率真的理论。比如，在拥有基础物质条件的情况下，我认为一切皆可创造。但身边的很多人都不以为然？比如，生活从来都是柴米油盐的简单，偶尔有一些仪式感填充丰富生活。但大家都喜欢频繁社交带来的兴奋刺激和惊喜。

我并不是认为经济条件不重要，也并不是认为社交不重要。而是我觉得它们只是一种排序的先后问题。对于经济条件，它是可以通过两个人的共同努力创造的。并且，良好的婚姻本身就是一种真正的财富源动力。而对于社交，它是两个人维持各自生活圈子，传递能量的地方。

离婚后，我对于过往所坚持的一切感到疲惫甚至怀疑。我怀疑自己是不是想错了？我怀疑自己是不是要求太高了？于是，就开始走入套用社会法的标准状态里。

我把时间排得满当当，生活看起来丰富多彩，人好像也变得热情洋溢了一样。但当时我破解不了和母亲相处的矛盾，却为了亲人、家人，必须面对，只好蜷缩回自己的世界里，尽可能地减少冲突。于是，我一直在不断陷入热闹的社交中，又借用这种热闹来逃避和假装不在意的状态下活着。

但是，我内心却始终相信"修身、齐家、治国、平天下"。之所以选择走上探索的道路，就是希望修缮好了自己后，才能更好地拥有爱情和婚姻，从而成就事业。

"很多的人都'为情所困'，而它也没有一个标准答案。探索自己，我们是从过去的经历中找到并且发现问题的本质，然后获得智慧去改变现在的生活。婚姻对于你来说是个必须要面对的坎。但是，现实生活中的婚姻爱情只是真爱中很小的一部分。老师借由你的婚姻问题，让你先看明白男女之间表达爱的方式不同，让你从过去婚姻中对于自己那套理论的追求和不断外求中解脱了，你才能往更高的维度去突破自己！"杨老师说。

爱这个话题，过去我有些不愿提及。但如今内心却坚定地告诉自己，越是难以面对的，就越是要克服并且弄明白。于是，我深吸一口气，做好准备，耐心地等待老师把我带去更高的维度向下看见自己，帮助自己成为爱的源泉！

"以空气来说，我们都不会为了存活而去争抢它，但当生命奄奄一息时，它却格外重要。我们喜欢在山林里吸收充足的氧气，却在平时污染它！用大量的尾气排放、工业污染破坏生态平衡，导致雾霾出现，直到引起人们对空气质量的重视后，再去治理它。

"归根结底，都是因为它们获取太廉价，也是因为人类对此毫无意识，毫无觉知。但是，宇宙的资源是有限的。如果我们不懂得珍惜和感恩宇宙的给予，我们就会因此而付出代价。"杨老师说。

"所以，杨老师，您每次上课之前都会有'感恩上苍阳光雨露，感恩大地厚德载物，感恩国家梦想引路，感恩父母养育呵护，感恩导师谆谆教诲，感恩大众相互帮助'的感恩词，就是想唤醒人们对于环境和宇宙资源的感恩意识吗？"我说。

"是的，爱是可以被唤醒的能量。唤醒后，我们才能成为它。爱也在潜意识里，潜意识最怕的就是重复。想要成为爱，就要身体力行影响所有人。如果，老师在每次课程时不断重复感恩词，那么，老师的学生就会更容易被唤醒成为爱的源泉，接着大家又把这份爱不断地散发出去影响更多人，形成一种爱的能量循环。

"所以，感恩词背后的意思是想告诉大家，今天我们成为人，拥有生命，是因为宇宙创造了我们赖以生存的条件。这时，我们和其他的植物、动物的存在都是共生共荣的。因此，我们就有义务在生活中，在细枝末里有意识地保护生态，珍惜资源。"杨老师说。

我感觉相较于宇宙之爱来看，我在婚姻中的遭遇，乃至于我们生活中每天遇到的糟心事，有着天与地的差异和渺小。

"杨老师，听您这么说，我们根本弄不明白到底是什么真爱啊！恋爱时，我们会设定各种标准。婚姻中，我们也会对伴侣设定各种要求，甚至不断苛求。亲子中，我们对待孩子，也会各种比较，不断施压。每个标准都是一种索取，根本做不到无私和无条件，爱都谈不上，就更别说真爱了。"我说。

作为一个探索者，想要不再活在鸡毛蒜皮之中，纠结、郁闷，就要有在明白真爱的同时，对标宇宙这个最高境界的爱去学习和鞭策自己，成为爱的源泉，把爱当成终身的信仰。

"信仰真爱，大自然、全人类都可以是你的老师。你曾经对于要把自己嫁出去或者找个合适人的想法，就代表了多数人对真爱和婚姻理解得不透彻。所以，离婚率会越来越高。"杨老师说。"现在，你再来看看老师说的'爱是化解一切矛盾的解药'这句话。会不会有不一样的感受？"

"我现在没有这么抵触了。学习宇宙之爱，懂得任何人都是独立个体，我们就会知道人无完人，是人就会犯错。学会求同存异，很多事情其实可以大而化小，小而了之。同时，用宇宙之爱最高爱的标准来做参照，不断学习和练习无私给予和无条件的爱，有利于我们在地球上不断繁衍生存。"我说。

此时，我回想丈夫事情发生时，也和我说过，让我如果觉得难受就打他、骂他，或者想哭就哭都可以。可是我，始终冷静并且配合地处理让他感到害怕和不知所措。也就切断了和丈夫的情感联系，反而怪罪他。

杨老师说："宇宙之爱的无私还潜藏了尊重生命法则的意义。它是尊重独立个体成长规律和轨迹，没有对错的无评判。每个人都有自己的生命成长轨迹和生活节奏，以及认知上的价值观。"

"放到家庭里面，家庭就是宇宙，夫妻两人是宇宙的整体。如果离婚了，家就不存在了，孩子就连接不到完整的阴阳能量陪伴系统。因此，在这个基础之上，婚姻和家庭一旦建立就要抱着家不可散的信念。参照宇宙之爱的生命法则就是，允许家庭中的每个个体都拥有独立的空间、独立的思想和独立的生活习惯。

"但家中，也要有运行秩序。比如，过去有家训、家规，这是让家里所有人既保有独立性又和谐家庭家风的基础。这需要夫妻双方沟通和协商，确立什么是能做的，什么是不能做的。

"比如你规定丈夫不要在家中抽烟，只能在阳台上抽烟，这就是你们家中共同约定好的规定，需要遵守的秩序。而之后，孩子父亲把烟戒掉了，是因为不想影响孩子的生命健康，就是他自己意识到改变的一个行为。当这个行为从你们的规矩变成了他自动改变的习惯时，这个规矩没有了，但还会有新的规矩要界定。

"所以，现代家庭中，双方可以参照个人准则至少有 50% 的是共同商定的规矩用于维持家庭的运行，另外 50% 是各自个体独立的部分，家庭中就有了允许求同存异的状态，拥有和谐。

"然后，家中每个人都向宇宙之爱学习用无私的爱对待家人，放下对错的评判。当配偶或者孩子会在这样有爱的家庭里获得爱的滋养时，家庭中的人都会是爱的源泉，并延伸这份爱到工作中、孩子的家庭中。带给我们婚姻幸福的滋养、爱的传承和延续。同时，收获自己生命的解脱。"

我才发现，小小的对于抽烟的规定和戒烟的行为，就是我过去婚姻家庭中无形对家庭秩序的支持和维护，丈夫对生命尊重的行为和爱的行为。当我都没有注意，却总盯着自己的标准和外求评判时，我就完全忽略了些小事和其他方面的行为。现在看来，如果过去我能把自己原本拥有的东西进行关注和维护，我的家也会成为幸福的家庭。

这里面家庭的秩序也是需要遵循宇宙大系统秩序的。它是老师多年研究总结的全息宇宙系统（如图 6 所示）。

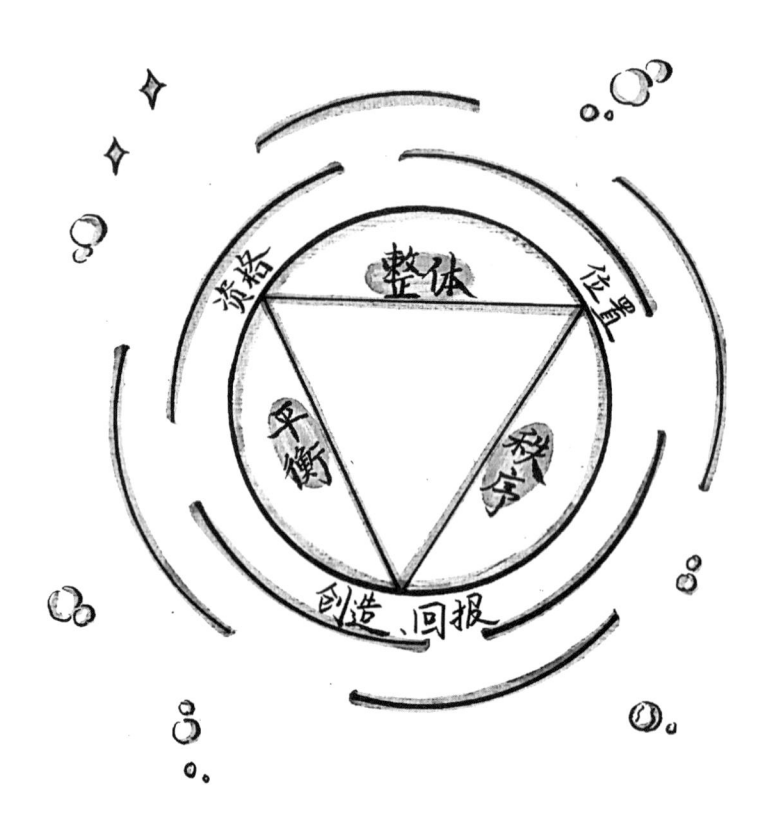

图 6　全息宇宙系统

从宇宙的全息、全知到全能开始，宇宙为了维护它们的正常运行，就需要整体的秩序和平衡。宇宙中秩序的平衡，就是宇宙中所有的物体都要按照既定的轨道对位运行，形成一个有序的环境。对照的家庭平衡秩序，就是家庭中男女角色位置关系的对位。

"杨老师，我明白了。所有秩序和规律都是在遵循宇宙大系统的运作秩序之下产生的，这才有了我们现在看到的宇宙和谐状态。这使我对宇宙不仅感恩和而且敬畏。"我对杨老师说。

"是的。人生来就有爱的能力，就好像树木需要阳光，男人需要女人，女人需要男人一样，每一个能量个体里面在最初的时候都是爱的传递。你想想看一个孩子出生的时候，我们把他叫爱的结晶，即使遇到再大的困难，一看到孩子好像所有的烦恼都消失了一般。因为孩子就是爱的能量体。而我们每个人都是从孩子长大的。

"所以，我们都拥有爱的能量，也都能够成为爱的源泉。只是随着生活节奏的加快还有社会价值观的教化，我们暂时忘记了这个珍贵的能量，总想要去证明或者练习爱。"杨老师说。

我们本身就是爱的源泉，我们本身也拥有爱。这颠覆了我原本以为如果自己的原生家庭中没有爱，我就学习不到爱的思想。

"杨老师，觉知力是不是我们成为爱的源泉关键呢？"我问。

"是的。拥有并保持觉知力，会让你在懂得宇宙秩序规律时，可以更好地遵守它，唤醒真爱，成为爱的源泉。我们要保持觉悟，我们存活在地球上所有的资源都是宇宙给予的，所以要感恩宇宙，向宇宙学习爱。

"感恩大地厚德载物，在感恩中成为爱，然后去爱我们身边的人事物，一花一草一木。以水资源为例，一个有觉知力、懂得爱和感恩的人，自然而然在生活中就会节约用水，不会肆无忌惮地浪费。

"无论你拥有多少物质财富，在对待宇宙给的自然资源时，都是够用就好。不要过多索求、过度消耗和浪费。因为，这都是我们赖以生存的地球资源，它们是很少和匮乏的。"杨老师继续说道。

人类在享受生活中，常常因为拥有就变得不珍惜，因为没有觉知力而过度消费、铺张浪费。地球上还有很多人因为食物匮乏在忍受饥饿。

如果珍惜食物，体会种植食物的辛劳，根据人数的多少，按量点菜，倡导光盘行动，社会在改善风气引发的行为，就是在唤醒我们的觉知力，让本能的真爱得以生发。

"杨老师，带着觉知力就像我们倡导环保一样，要爱护环境，低碳出行，保护大气层。细化到生活中来，就是不浪费粮食，节约水资源。比如说洗米的水可以拿来冲厕所，有多种用途；使用纸巾的时候用多少拿多少；通过这些小事让我们生发出自然而然的真爱，用身体力行去践行对宇宙的爱和感恩之心，同时影响和唤醒身边人爱的本能。对吗？"我说。

当我感受到真爱与外界无关时，自己就会成为爱的源泉去发散爱的力量，折射回来的会是永恒、持久的爱的能量循环，并带给我一辈子的幸福。

"成为爱的源泉一定会让你充满幸福感、充满力量。它会帮你消灭恐惧。实际上，电影中还有很多的画面场景体现了真爱。

"潘多拉星球代表潜意识，它丰富的资源投射的就是潜意识里的丰富资源。这里的资源不能通过占有的方式永久拥有，因为占有就是索取。而宇宙整体都是平衡的。当帕克想用掠夺手段占有超导矿石时，说明帕克所在的地球资源已经出现了过度掠夺的危机，想要通过掠夺别人领土上的资源来填补危机，因此会遭受到纳美人攻击。

"而价值财富不是通过占有就可以拥有，投射的是潜意识里面的一切财富资源不能屈服，只能开启潜能，活在梦想里，身心合一的臣服。真爱，是做到并实现的唯一路径。"杨老师说。

"杨老师，我好像明白《阿凡达》所讲的就是把地球的资源掏空了，想去掠夺其他星球，用伤害地球的方式伤害潘多拉星球失败的故事。宇宙和人类都是命运共同体，需要和平合作，需要爱护自然资源、爱护人，从潜意识中唤醒人类的真爱。成为爱的源泉，拥有觉知力，我们就可以从个人到家庭、从家庭到国家、从国家到地球到宇宙，实现人类与宇宙的命运和谐。这时，我们都是'真我'的化身。"我说。

我开始对整部电影所要描述的内涵有了更进一步的理解。

"你的理解很好。说明你的潜意识与宇宙的能量连接了。借由探索让自己成为爱的源泉，你还要让这份爱的能量流动起来。电影里，曾经出现过一个纳美人离去，所有人为它祈祷下葬的过程。

"这个镜头很短小，其中有段话是这么说的：'所有的能量都是借来的，总有一天你要将它还回去。'这个镜头投射的就是，爱的能量是流动的。"杨老师说。

我回想起了电影的那个画面：一个树洞里，一个生命因衰老而死亡的纳美人蜷缩着，她如同在子宫里的婴儿一样蜷缩着躺在大地的子宫里。

"宇宙创造了男女，男女孕育了生命，最后生命的离开就会回归到大地，去滋养大地。这就是能量的流动，也是生命的轮回，能量一般都是在阴阳的两极之间流动。物理学上叫物质转换定律、物质守恒定律和能量守恒定律。因此，在人与人之间通常都会有主动和被动、爱与被爱的关系存在。当给予和接受不断地传递和转换时，宇宙就在爱的能量流动下，同步进化，这也是生命的法则。"杨老师说。

"杨老师，我感觉爱的能量流动起来，付出得越多，爱的能量就会被不断地传递。当越来越多的人都在成为爱的源泉去做付出爱的事情时，人与人之间能量的流动会让我们都成为爱的付出者、传递者、受益者，最终让世间充满爱。"我说。

"没错。那我们用这个真爱的灵性成长地图（如图7所示）来再次复盘如何唤醒真爱成为爱的源泉吧。"杨老师说。

现在，跟着我一起踏上这个成长地图，让宇宙的秩序、阴阳的平衡、人格的完善、真爱的回归，伴随在我们的生命，实现梦想吧。

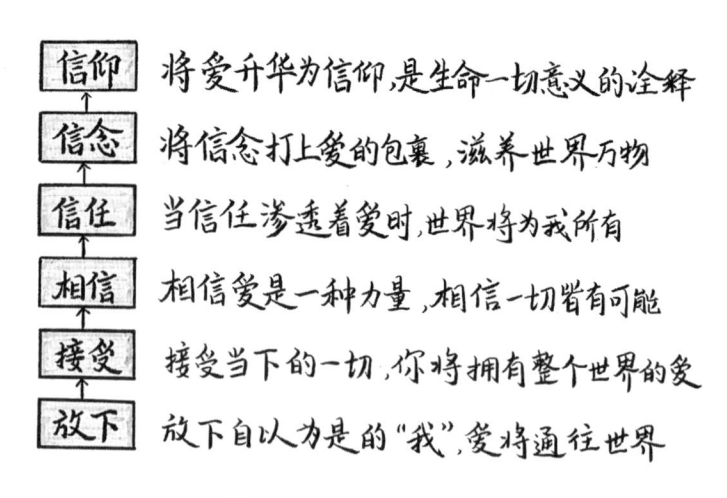

信仰	将爱升华为信仰，是生命一切意义的诠释
信念	将信念打上爱的包裹，滋养世界万物
信任	当信任渗透着爱时，世界将为我所有
相信	相信爱是一种力量，相信一切皆有可能
接受	接受当下的一切，你将拥有整个世界的爱
放下	放下自以为是的"我"，爱将通往世界

图 7　真爱的灵性成长地图

成为爱的源泉，一开始，我会始终带着左脑的思维和逻辑认知想当然地认识这个世界，以为自己就是世界的中心或者无所不能。但生命戛然而止时，我曾经在意的物质和大脑里的认知也都毫无意义，唯有精神永存。所以，唤醒真爱的第一步——放下，便是放下"小我"里的认知价值观，生发爱，通向全世界。

成为爱的源泉，说好了要放下。很多人心有不甘地抵触或者抗拒，心中开始出现好坏善恶的评判和抱怨。批判社会不公，他人对待我不公，抱怨老板不良，父母和伴侣不爱。习惯了毫无觉知的自怨自艾，就失去了重新获得爱自己和被爱的机会。所以，唤醒真爱的第二步——接受，便是放下评判，带着觉知的接受改变。

成为爱的源泉，接受改变，不评判他人，不免就会在内心自责地评判自己。恐惧挫折来临时的失败感，质疑自己不配有变好的资格，害怕他人对自己的不接受。但是梦想、使命、真爱在呼唤我，在给我力量，让我看到了希望。所以，唤醒真爱的第三步——相信，便是相信成就自我的正能量，让改变在时间里心想事成。

成为爱的源泉，因为相信我获得了宇宙给予的力量。我不再占有、要求、控制改变任何我自己以外的人事物，并充分地信任自己拥有创造一切的力量。因此，唤醒真爱的第四步——信任，便是信任自己，信任他人，我们会是永恒的灵魂伴侣，知心朋友。

成为爱的源泉，信任一切，我学会无条件地相信爱，也无条件地付出爱，不期待和要求爱会回来。向宇宙学习赐予爱的信念。所以，唤醒真爱的第五步——信念，便是享受付出爱的过程和富足，相信爱出者爱返。成为爱的源泉，因为信念，我没有了任何的恐惧，面对苦难和美好，我可以笑着对它们问好，怀世界慈悲，让爱流动。所以，唤醒真爱的第六步——信仰，便是消灭恐惧，爱是最至高无上的精神信仰。

过去，我不知道真爱从来都充斥在我生活的周边，所以在婚姻里总是感到缺少安全感、缺爱，被外求的内心蒙蔽了体会爱的行动的觉知力。当我明白宇宙之爱的格局和能量后，敬畏感和感恩之心开始升起，并希望自己能承载女性创造和孕育的能力，成为爱的源泉，延续爱的教育，从此让生命充满爱，焕发生机。

你的练习

1. 让真爱从源头流动,升华生命。

探索者	缺爱的来源	社会价值的爱	真爱的格局	成为爱的源泉
周卉	父亲离世 丈夫出事 事业不顺	仪式感、要表达、要赚钱、要独立、要冲上前做男人	宇宙之爱	小事做起,发出善意的爱心,爱自然、爱资源、爱人

(说明:读者用铅笔做自我练习)

2. 参考填写"我、身、心、灵"，觉知从探索之前的身心灵不合一状态变成合一状态的工具。

全息心理健康
觉： 爱的源泉
价值观：健全的人格
情　绪：纯真、喜悦

全息精神健康
念： 真爱、大爱
使命：用爱播种幸福
信仰：让世间充满爱

全息伦理健康
姓名：周卉
角色：爱的天使
关系：爱一切人事物

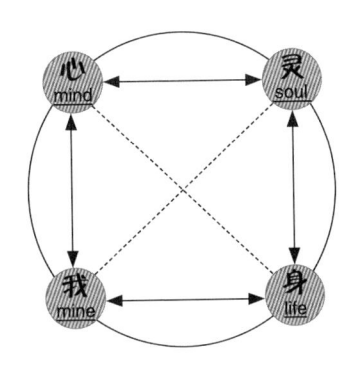

全息身理健康
性别特质：真女性
身相：智慧、慈祥
体质：爱充满我的全身

——— 读者用铅笔做自我练习 ———

全息心理健康
觉：＿＿＿＿＿＿＿＿
价值观：＿＿＿＿＿＿
情　绪：＿＿＿＿＿＿

全息精神健康
念：＿＿＿＿＿＿＿＿
使命：＿＿＿＿＿＿＿
信仰：＿＿＿＿＿＿＿

全息伦理健康
姓名：＿＿＿＿＿＿＿
角色：＿＿＿＿＿＿＿
关系：＿＿＿＿＿＿＿

全息身理健康
性别特质：＿＿＿＿＿
身相：＿＿＿＿＿＿＿
体质：＿＿＿＿＿＿＿

觉知价值观

价值观是你解读世界的唯一解码器，要么天堂，要么地狱。

爱能令生命焕发生机，而解读世界的角度会在爱的伴随下让生命延续，在现实世界中拥有选择权。这个解读世界角度的唯一解码器便是价值观。不同的价值观，并没有对错，但会给予生命截然不同的体验。塑造正确的价值观，让生命拥有持续焕发生机的能力，是对我们自己最负责任的选择。

杰克·萨利和奈蒂莉爱的结合是"真我"新生命的开始，也是我新生命的开始。这时，曾经三十几年残留的过去认知，在与新生时的新认知新老交替时，必然会发生碰撞，产生情绪，犹如一场无硝烟的战争。这个场景，是电影《阿凡达》投射最精彩的部分。跟随着电影，我们继续探索。

杰克·萨利和奈蒂莉结合的次日早晨，一切看起来都很宁静。一阵巨响，一棵树，两棵树，乃至整片的树在奈蒂莉眼前被推倒，大型的推土机正在缓慢前进对灵魂树进行致命且快速地摧毁。

奈蒂莉立刻转身叫杰克·萨利，可怎么也无法唤醒。而杰克·萨利正在连接室中和诺姆交流，格蕾丝暂停了杰克·萨利的连接，要求他先进食，杰克·萨利想即刻进连接却无奈只好遵照。

奈蒂莉拼命地拖动杰克·萨利的身体，实验室里的杰克·萨利也在三口两口地快速把食物放入嘴中吃掉，迫不及待地躺进连接室中要进入潜意识。终于，就在推土机的摧毁快要接近杰克·萨利和奈蒂莉时，杰克·萨利醒了。

"电影中库里奇发动对灵魂树的攻击，投射的是'真我'生命即将面临新旧价值观冲突的挑战。当我们拥有新生命时，'真我'对应的是与'小我'的合一。合一的过程，一定会遭受'小我'价值观的对抗和冲突。当我们的爱被唤醒后，真爱会让我们拥有斗志和勇气战斗，而战斗的过程就是重塑价值观的过程。"杨老师说。

"重塑价值观，必然面临冲突吗？"我问。

"是的。不仅有冲突，还会有情绪，同时面临反反复复的内心考验，是否信念坚定。我们通过电影的投射一点点的体会。"杨老师说完便继续播放电影。

醒后，杰克·萨利迅速起身朝着推土机的方向呼喊："停下来！停下来！"

远程操控师暂时停止了前进，并向帕克汇报："嘿，老板，有个土著对着机器乱吼乱叫，他挡到我的路了。"

"继续开，他会闪开的。"帕克对操控师发出指令，"这些人必须明白，我们是不会停的，走，走，走。"帕克一边说着一边推动着控制远程推土机的操控杆。

见状，杰克·萨利只好带着奈蒂莉暂时先躲开推土机。

"看到没有，他躲开了。"此时帕克得意地对操控师说。

杰克·萨利身手敏捷快速地爬上了推土机顶端，用石块敲击着摄像镜头，终止了信号的传输，同时，杰克·萨利也被一名带着氧气罩的士兵开枪射击，令他快速离开推土机。

看到眼前被摧毁的灵魂树，奈蒂莉痛不欲生地哭泣，苏泰一行人也感到十分愤怒。

操控室这头，库里奇回放视频，发现破坏者是杰克·萨利，转身离去找杰克·萨利算账。

"帕克执意对灵魂树摧毁的操作以及库里奇看到杰克·萨利破坏镜头后找他算账的行为，投射的是物欲者和索取者追求物质的执着和贪婪。他们认知价值观的执着和贪婪令他们只有输赢。"杨老师说。

原来，内心非此即彼的是非对错判断都是价值观之间的碰撞。这时，我会出现情绪和头疼的现象，可能就是被认知价值观占领上风的体现。但这种情况，经过一段时间又会消失，让我不再去纠结和被困扰，我想应该还有另一个价值观在起作用吧。

潘多拉星球纳美人在伊图肯和莫娅的召集下集结到了一起。

伊图肯说："苏泰将带领我们战斗。"所有纳美人群起呼唤，想要立刻与敌人对战。

格蕾丝见状走了出来说："请别这么做，这只会使情况变得更糟。"

"这里没有你说话的地方，我们要打得他们满地找牙！"苏泰的话带动了纳美人的情绪。

"苏泰，不要这样做！"杰克·萨利和奈蒂莉牵手走了过来。

"你跟这个女人配对了？"苏泰愤怒地把杰克·萨利推倒

在地。

"这是真的吗?"奈蒂莉的母亲莫娅不敢置信,格蕾丝也预感不佳。

"我们在艾娃的面前互定终身,已成定局了。"奈蒂莉向母亲莫娅说到。

苏泰既愤怒又难过,但又无可奈何地想要转身离开。

"兄弟,不要去攻击外星人,你那样做会害死很多同胞的。"杰克·萨利说。

"你才不是我兄弟!"苏泰拿起手中的武器朝杰克·萨利扑过去。

"但我也不是你的敌人,我们的敌人就在外面,他们的火力很强大!"

库里奇带着一行人来到格蕾丝的户外实验基地。来势汹汹,让诺姆预感到不对劲。

杰克·萨利仍和苏泰在谈判,争取不要发动战争。但是苏泰已经被负面的情绪所掩盖住了理智,完全拒绝甚至听不进杰克·萨利说的每一个字,每一句话。

苏泰不断任由自己的情绪发泄,向杰克·萨利发动一次又一次的攻击,还划伤了杰克·萨利。

"苏泰的态度投射的是新旧价值观发生冲突时候的情绪状态。格蕾丝和杰克·萨利对战争的阻止,则是'真我'灵性价值观的声音。它并不主张是非对错的评判,而是想要选择一种平衡的方式让彼此获益。现实中,有一些风情万种的人,他们总能适应任何的环境和场合,并且能够与任何人相处融洽,最重要的是他们是带着使命并始终如一坚守。"杨老师说。

原来，认知价值观之外的价值观是灵性价值观。按照老师的说法，我觉得自己在充满目标感并且专注于目标之中的时候，对于是非对错评判的认知价值观就下线了，甚至我对评判它们不感兴趣。这让我的专注再一次获得了提升，情绪随之也变得平和了许多。

为了阻止苏泰情绪泛滥的疯狂行为，杰克·萨利反击了回去，将其打倒在地，说："我是奥马蒂卡亚族人，我是你们的一分子，我有说话的权利。"

苏泰终于控制住了自己的情绪。但仍充满着愤怒和不服气地听着杰克·萨利说。

"我有些事情要说，对你们每一个人说，这些话在我心里已经憋很久了。"杰克·萨利话说到一半，便被库里奇终止了连接，倒下在了纳美人的面前。

"杰克·萨利对于苏泰的行为投射的是'真我'灵性价值观对正义使命的行驶。其实，每个人的内心都有一个'真我'灵性价值观的声音，也都想行使它，但当认知价值观太强大时，我们会像杰克·萨利那样，一直憋在心里。这时，有的人忘了，有的人会在某个时候想要释放出来，坚定不移地行使。代表它的声音就是初心和梦想，以及生命真实的渴望。不过，现实并没有这么顺利，因为认知总会干扰，而情绪也总会闹事。"杨老师说。

这让我感到，它像极了自己无可奈何又不得不去做一些背离初心事情时的样子。

苏泰发现机会来了，立刻冲上去抓住杰克·萨利的小辫，所有纳美人说："看到了吧，他只不过是个使用假身的魔鬼，他不能活着。"

当苏泰正准备用手中的武器割杰克·萨利的头颅时,奈蒂莉冲了过来扑倒苏泰,保护着杰克·萨利的身体,终止了他的发泄。

断开杰克·萨利连接的库里奇,对杰克·萨利说:"你太过分了。"说完一拳暴力地直接把杰克·萨利打晕过去,命令人将他们一并带走。

库里奇把她们带回到控制室内,当着所有人的面播放着杰克·萨利破坏推土机镜头的视频。库里奇说:"你真让我失望,小子。你是怎么了你,在这里找到了个土著女朋友,就忘了你是站在哪一边的了?"

"帕克,还有时间挽回局面。"格蕾丝打断对话说道,却被库里奇打断。

"不然怎样?刽子手?你要对我开枪吗?"格蕾丝愤怒地回答道。

"我可以那样做。"库里奇说。

"你需要管好你的狗。"格蕾丝对着帕克说。

"大家都静一静好吗?"帕克让大家少安毋躁。

"你不是说要保障你的人都活着吗?先听听她的说法吧。"杰克·萨利对库里奇说。

"苏泰的所有行为都投射的是我们被情绪绑架时候的状态,无知、无理、冲动、蛮横。奈蒂莉对杰克·萨利阿凡达身体的保护,投射的是真爱无评判的保护力量。这时,库里奇断开杰克·萨利的连接,投射的是认知价值观对灵性价值观的阻碍。"杨老师说。

对错评判、情绪绑架,在我的生活里无时无刻都存在。接着连爱都带着这些特点，不仅对自己毫无保护的力量，而且对他人还充满攻击性。我回想起了自己离婚时发生的一件事。

"我能问问你当初选择和我结婚的原因是什么吗？"和丈夫婚姻结束时，我们有说有笑地进去，又有说有笑地离开，让民政局的人觉得我们不像离婚的夫妻。

"那时候主要是想留在城市！"前夫说完，空气静止了片刻。我内心感到有一种被诓骗的打击。然而，婚姻结束了。残忍、被诓骗，万念俱灰，又怎样？他能坦诚地说出当初内心真实的想法，也算是曾为夫妻最大的尊重了吧。我还介怀什么呢？

我说道："我懂了。所以，孩子是我逼着你要的，现在这样的收场也是我自己选择的。那么我选择的路，跪着我也会走完！"说完，对话结束。

进入婚姻，我最初的心愿是26岁左右要结婚生小孩。因为我对家有着热切的渴望。我撞上了他，心想事成了，便如愿的成家、生孩子。可结婚的过程却并不顺利。

先是怀孕，我问他："怎么办？"

他说："先不要吧，我想先闯闯。"我沉默，但为了家的目标，沉默的背后"好戏连台"。

我整日神不守舍地想着，我坚决不堕胎，但他不想要又不想结婚，该怎么办？趁着工作出差，我就开始走旁敲侧击的路线。什么婆婆，亲戚朋友，甚至是同事、领导，不自觉就把事情闹得满城风雨人尽皆知。

终于，我的目的达到了。当"红本本"来到我的手中，婚姻的仪式完成时，我也就在我的婚姻里带着一个"自己要的孩子，自己选的路，只能自己忍受"的想法，面对他种种不负责任的行为进行指责。

有天，我说："拿着一本证我就对你有责任，但我现在真没精力为你做太多。你处理你的事情需要多长时间？定好给个结果给我吧。"

这时，他的事情发生已经有段时间了，却没有任何进展。这种反复在现状里面徘徊让我感到有些疲累，于是冷冰冰地对他说那些话。

他带着一丝无奈，但也给不出任何反驳的理由，于是说："三个月吧。"

"好的，你去处理你的事情，家里面的事情，你先不管。我希望到时间能有结果！"我没有心思和力气再去事无巨细地管一个成年男人。

商定好，收到他的回复，就好像拿到他的承诺书一样，大家开始各自去处理各自的事情。我认为婚姻是承诺，也是责任，所以承诺了就应当尽可能地去做到，这也是夫妻双方对彼此信任的基础。

可是，当我满怀期待着他在期限之内处理完毕时，却只收到了没有结果的空头支票，我感到失望。夫妻间尚有的最后一丝信任感，在这件事的长时间中消磨，最终崩塌。

糊里糊涂地在婚姻里面走了三年，直到父亲离去，他无法成为我的支柱却又自己出事时，我最终选择了离婚。

"杨老师，女人的认知里好像觉得有了孩子男人就会和自己结婚。并且生孩子可以解决一切婚姻问题。然而，当我结束婚姻时，问前夫和我结婚的原因居然是想留在城市！我的认知价值观让我感到自己有种被诓骗的感觉，从此不愿意再相信婚姻，也一直对感情带着排斥的情绪，认为男人都一样。"回想着自己那失败的婚姻，我对杨老师说。

"很多人都是因为不懂得婚姻的正确价值观，进入婚姻后又忘了结婚的初心，最终价值观冲突导致婚姻解体。家庭里，当谁都不愿意妥协，你坚持你的标准，他坚持他的标准，矛盾无法调和时，结束婚姻是最快捷的处理矛盾的方式。而你在进入婚姻时，对婚姻没有太多的理解，也和前夫各自带有标准，无法在婚姻中有效沟通求同存异，因此引发了价值观冲突，发生婚姻解体。"杨老师说。

"杨老师，电影解读时，您提到了认知价值观和灵性价值观。它们都是价值观，所以价值观冲突是在它们之间发生的吗？"

"我们的心在哪里？"老师问。

"心？心在大脑里面呀！然后分为左右脑，左边是显意识，右边是潜意识。"

"左脑管的显意识是认知价值观，我们叫认知，也就是'小我'。右脑管的潜意识是灵性价值观，是'真我'。价值观冲突就是认知和灵性价值观打架的时候。这时，我们的感觉就是心乱如麻、烦，并且出现失望、委屈或者愤怒等负面情绪。所以，价值观冲突就在我们的心里，在左右脑里发生的。"杨老师说。

"那么，我的婚姻价值观冲突在什么地方呢？"

"你的婚姻价值观冲突，就是你们进入婚姻各自带有标准的不同认知。"杨老师说。

"杨老师，您的意思是，前夫的'留在城市'和我的'到年龄了，结婚生小孩有自己的家'，是认知价值观冲突？"我有种直觉，被认知牵着的婚姻关系很脆弱。"但是，杨老师，在老一辈的婚姻里都是媒妁之言、父母之约，多数人都可以在相处中逐渐建立起婚姻的幸福，并且相濡以沫，难道他们就没有认知冲突吗？"

"价值观冲突的发生，一方面是因为认知在变。一方面是因为认知排序不一样。先来说说认知的变化。认知会随着知识、经验、时间、社会环境等各种外界的事物发生变化。以婚姻为例，过去婚姻的认知多数来源于家庭文化，父母辈婚姻的榜样以及家庭教育。

"当社会很简单时，对于婚姻，是有文化传承的，并存有一份对婚姻的信仰。知道无论如何家不能散，如果散了全社会都会看不起他并令其产生自责。所以，大家十分珍惜婚姻。

"而现在大家对婚姻的认知是房子多大，收入多少，这是主流，加上外面越来越多的诱惑和婚姻形式。当外界影响概率加大，人和人之间的关系变得小心翼翼和猜忌时，没有正确的婚姻价值观，就容易变得脆弱。认知是具有变化性的。环境变它就变。

"所以，老一辈的婚姻比现在稳定，现在不痛快、过不下去就可以离，而离婚原因都是性格不合。那当初怎么可以合，过着过着就不合了呢？就是因为社会在变，认知跟着在变！"

我想到了，认知在左脑。认知会随着年龄、时间而变化。就像一个小朋友写作文要描写春天，孩子理解的春天和成人理解的春天肯定不一样，甚至当孩子处于成长不同时期理解的春天也会不一样。这个不一样就是认知的不一样。

"认知的变化，我好像懂了。"我对杨老师说。

"认知的变化，会让我们变得善变，也变得随波逐流。看起来好像跟上了时代的步伐，却在这种变化中迷失了自己。"杨老师说。

"是啊，六年的时间，我觉得自己每天都在为了生计而奔波忙碌。但从未减少过对于婚姻问题的学习和了解。可越学我却越迷茫，越学越发现，标准太多了，根本就找不到实用的指引来帮助自己突破婚姻关系的问题。懂得认知时，才知道我学习的都是不同人总结并根据自己经验分享出来的认知价值观，这些总在变，所以标准也会变。"我说，"那，杨老师，您说的认知排序，我又该如何理解呢？"

"认知排序是认知里观念的重要性次序。比如说，有人结婚就一定要有车有房，这是婚姻中这个人认知的第一位排序，但有的人又觉得对方可以是潜力股，现在做的工作有发展就好了，如果有房车更好。又比如有的人认为这个人有才华就好了。你看，同样是结婚，大家的重要性排序不一样，就会有差异而存在冲突。"杨老师说。

"那我的婚姻里面会有认知排序的冲突吗？"我跟着问道。

"你的婚姻，前夫从不要小孩结婚到要小孩结婚，就发生了认知变化，并且你们获得了认知统一。这时排序也是统一的。就是小孩是第一位。而冲突，应该是在有了孩子之后。家庭习惯、双方父母在孩子成长和教育中的差异认知，以及婚后男女认知排序的改变，这些应该都存在于你的婚姻中。

"婚后女性容易活在孩子第一位的认知里面，所有事情都会围着孩子转，但是男性婚后会马上就会从孩子是第一认知中，转变成家庭收入或者事业是第一认知。当认知的排序发生变化，加上在孩子教育上认知的各种差异，就容易出现认知冲突。"杨老师说。

老师无数次提醒我要"觉"，也让我时刻在生活中觉察和觉知。我一直都在练习。

"三观包括：宇宙观、世界观和人生观。

"先说宇宙观。简单说，就是使宇宙万物都在自己的位置上，遵守宇宙的自然规律和秩序，各自发挥创造性维持宇宙的平衡。

"而世界观，是在宇宙大系统下人们依循规律有秩序的生活和学习，使人类与环境能始终保持自然、和谐的行为，与一切和谐共处。

"人生观是人类和宇宙、世界应当是身心合一的，拥有正心、正念、正行，走正道。

"有句话叫'天时地利人和',在三观上,宇宙观就是天时,世界观就是地利,人生观就是人和。带着正确的三观,并遵循三观去为人处事,每个人就都可以收获天时地利人和。"杨老师说。

"杨老师,三观的格局很大。但在婚姻中和面对婚姻问题时怎么用呢?可以通过小事上的行为来观察,了解他人吗?"我问。

"我们不要求所有人都达到,但是有了它,人类就有了参照学习的标准,按照标准尽可能地靠近它就可以了。用小事来折射就是一种可行的方法。

"比如在进入婚姻有了孩子时,就是要给孩子提供一切生存的环境和条件。不惜一切代价为这个孩子打造一个和谐幸福的家庭,让孩子有一个健康成长的家庭环境。"杨老师说。

我不由得为自己当初放弃婚姻而感到有些遗憾。经历过这些后,我尽量营造和孩子父亲和谐相处的关系,最大化让孩子不处于父母的矛盾中成长,也并未放弃圆满婚姻和家庭的信念。

"还记得我们说过'爱是一切的解药'吗?所以,每个人都应该活在爱里。"杨老师说。

杨老师说完,我们一起进入了电影探索。

"那些树对于奥马蒂卡亚族人来说,是你无法想象的神圣。"格蕾丝说道。

"真的吗?好比是拿根木杖对天空挥两下,然后就会降下什么鬼神物这样吗?老天。"帕克不屑听格蕾丝说的话。

"我说的不是那些灵异的巫术,我说的是真实存在的东西,一种可以用来解释生物与森林之间的关系。就我们所知,在树与树根之间都有着某种类似电流的讯息传递,就好像神经细胞组织那样,树与树之间都有着成千成万个不同的连接点,潘多拉星球有上亿万棵树，这比人脑还要复杂，这像是一种网络，一种全球网络，纳美人可以登录进去，他们可以上传和下载讯息，甚至储存，你刚刚毁掉的就是一个基站。"格蕾丝非常亢奋地向帕克解释着潘多拉星球的一切。

"电影这里，格蕾丝开始对帕克谈及灵魂树，投射的就是了解和活在'真我'中的人会渴望拯救并唤醒被认知价值观蒙蔽的人。这是'真我'的使命。但是，活在'小我'认知价值观中的人，并不会轻易相信。"杨老师说完，我们就跟着电影走下去。

"你们到底在外面磕了什么东西？那只不过是一些该死的树而已。"帕克觉得格蕾丝说的一切简直就是无稽之谈。

"帕克，你要搞清楚这个星球资源不是在地下，而是在我们的周围，纳美人知道这一点，他们会誓死捍卫它，如果你想跟他们共享这个世界，你就要去了解他们。"格蕾丝竭力地想要让帕克明白。

"我要说，我们已经了解得够多了，这还真得多亏了杰克·萨利。博士过来看看。"

库里奇说完调出了杰克·萨利录制的视频给格蕾丝看。"他们绝不会放弃他们的家园，他们不会接受任何条件，他们要什么？啤酒？蓝色牛仔裤？他们根本就不需要我们的东西，我们所做的一切根本就是在浪费时间，他们绝不会离开家园树的。"

杰克·萨利看看自己视频，闭上双眼低下头去，格蕾丝轻拍杰克·萨利的肩膀安慰。

"帕克的所有语言表达投射的是活在认知价值观中的'小我'，只能看到事物的表象。他们对于虚无缥缈的世界，看不见、摸不着。所以，他们不相信。因此，帕克只看见了灵魂树是棵树。很多人看《阿凡达》也只认为它是一部精彩的科幻片。"杨老师说。

在探索之前，我对《阿凡达》的认知除了是当年热门电影外，便一无所知了。所以，当杨老师说要用《阿凡达》作为探索自己的探索工具时，我没有先入为主的认知评判，而当我观看它的时候就已经进入探索，这让我对于《阿凡达》的理解，都来自看见自己的探索，包括投射的意义。

这时候，我想，同样都是《阿凡达》，看过的人、没看过的人，用其当作看见自己探索工具的人，我们看的都是《阿凡达》，但是我们对它不同的印象和评价也并不影响这部电影的本身，这时，如果我说我们对《阿凡达》的印象和评价就是认知价值观，我们应该能够更好地了解认知的变化和评判习惯。

"杨老师，那格蕾丝不断地强调要了解他们，还有杰克·萨利录制视频时候说的那些话，投射的是不是灵性价值观被蒙蔽时人们愚蠢的行为会令'真我'难以理解，感到使命受阻呢？"看到杰克·萨利录制的视频，我对杨老师问道。

"是的，灵性价值观很容易被蒙蔽，实际上也是真相很容易被伪装的体现。所以，认知和灵性价值观常常以博弈的形式出现。

"博弈时，'真我'会想要把真相告诉'小我'，就像父母走过的冤枉路想要让孩子不再重走一样，可是没有经历，没有体验，'小我'强大的认知，就像我们叛逆的孩子一样不会罢休，只会挑战，甚至还要对抗证明。"杨老师说。

"既然达不成协议，我觉得这事就变得简单多了。杰克·萨利，谢了，我真的很兴奋，兴奋到我都想给你一个热吻。"库里奇对杰克·萨利说。

潘多拉星球的纳美人在苏泰的带领下进入了火热的战争，四处都是火烧的场景一片狼藉，他们将推土机这些设备统统用火烧了，面对着在星球上伤亡的现场，库里奇让士兵给他汇报情况。

"看来他们首先是用翼兽来进攻的。看到那个浸泡过的箭了吗？他们放火烧了 AMP 装甲，驾驶者都完了。六具尸体都在这里了。设备损失。"帕克和库里奇看着损伤的情况面无表情。库里奇向帕克汇报着接下来的攻打方案。

"我会尽量把伤害降到最低，我会先用催泪瓦斯把他们给赶走，这应该会人道一点，大概吧。"

"好吧，开始干吧。"帕克对库里奇下达指令。

"库里奇和帕克所做的所有攻击，都是认知价值观对灵性价值观博弈的对抗和证明。"杨老师再次从电影中让我看见了认知价值观强大的投射。

格蕾丝和杰克·萨利被软禁在实验室里面，格蕾丝对杰克·萨利说："我想你知道的，他从来都没想过我们会成功，他们故意用推土机去铲人家的圣地，惹恼别人，然后编造借口，发动战争去得到他们想要的东西。"

"掠夺就是这样，当别人拥有你想要的东西，你就视他们为敌人，然后'顺理成章'地把东西抢过来。"杰克·萨利听着格蕾丝的话感到愤怒至极。

"这时候，被软禁起来的格蕾丝和杰克·萨利投射的是灵性价值观无法行使使命时候的状态。现实中，我们探索时，如果出现了不被人理解，甚至被他人教育，自己对探索感到迷茫和混乱，又或者探索自己，信念坚定但还没有出现结果而感到有些失去耐心的状态，就是价值观冲突时，人感到煎熬的时光。"杨老师说。

杨老师在带领我通过电影投射探索时说的每一个现实的状态，我都在其中经历过。我感到杨老师就是我"真我"的投射，在对着我刚刚看见的带着"小我"认知价值观的"真我"，不断地听见真相，不相信，又想要相信，在表象和真相、"真我"和"小我"之间徘徊的样子。

此时其中一名飞行员楚蒂跑过来说："库里奇上校刚刚召集了武装直升机，他要去攻击家园树。"听到这里，格蕾丝马上跑去找帕克。

"帕克，停下，他们都是人，你却要……"

"不、不、不，他们只是一群浑身叮满苍蝇住在树上的野蛮人，懂吗？看看四周，我不太清楚你们是怎么想，不过我看到很多很多的树，他们可以搬走！你们这些家伙能不能……"

"家园树里有很多家庭，有小孩，有婴儿，你要杀小孩吗？"格蕾丝极力游说着帕克。

"你不会真的想这么做，相信我，让我去说服他们，他们信任我。"杰克·萨利诚恳地和帕克请求，请求一个机会。

帕克同意了，杰克·萨利和格蕾丝进入到连接舱。帕克对着准备进入潜意识的杰克·萨利说："听着，我给你一个小时，如果不想让你的女朋友一起陪葬的话，就叫他们赶紧走，就一个小时！"

"电影里的攻击在升级，从灵魂树到家园树。这时，楚蒂传达信息的帮助，投射的是正义者在关键时刻的挺身助力。我们会在一瞬间充满激情和斗志，抓紧一切时间，不断拼搏向上，让我们活出'真我'，充满勇气去探寻真相。"杨老师说。

杰克·萨利连接到阿凡达后和奈蒂莉一同走到伊图肯和莫娅的面前对他们说："伊图肯，我有话要说。"看到杰克·萨利，伊图肯示意杰克·萨利可以说。

杰克·萨利继续说道："灾难就要降临了，外星人正往这里来摧毁家园树，大家不离开就会没命。"

"你确定吗？"莫娅问。

"是他们派我来学习你们的文化，以便有一天我传达这个讯息的时候，你们才会相信我。"

"杰克·萨利，你说什么？你早就知道这一切都会发生？"奈蒂莉不敢相信杰克·萨利刚才说的话。

"是的。听着，一开始我只是奉命行事，但后来一切都变了，好吗？我坠入了爱河，我爱上了这片森林，爱上了奥玛蒂亚族人，还有你，我爱上了你，请你现在相信我。"杰克·萨利极力地向奈蒂莉解释，并且表示歉意希望能够获得奈蒂莉的原谅。

"我是那么相信你，骗子，你永远不会成为我们的一分子，你不会，永远不会！"奈蒂莉声嘶力竭愤怒地向杰克·萨利咆哮着。

"把他们绑起来！"伊图肯听完一切，发号施令要把杰克·萨利和格蕾丝绑起来。

眼看谈判失败，纳美人无法相信杰克·萨利说的话，也失去了对杰克·萨利的信任，杰克·萨利难过地闭上了眼睛，任由纳美人捆绑。

"杰克·萨利开始对纳美人讲出了他深藏的隐私，投射的是真诚，真心会让我们愿意主动释放隐私。因为我们只想成为真诚真心的人。而杰克·萨利表明自己的改变，对奈蒂莉和纳美人说出的真话，投射的是爱会唤醒我们，让我们成为充满正义感和使命感的人。现实中，这样的人会拥有正心、正念、行正行、走正道。但是，当真相被揭露时，真实的一瞬间会令人难以接受，所以伊图肯命令把杰克·萨利和格蕾丝绑起来。"杨老师说。

一架又一架飞机成群结队地在空中飞行。"一分钟后接近目标。"飞机们直奔飞向家园树的方向。

见状，被纳美人绑在木架上的杰克·萨利和格蕾丝几乎咆哮着呼喊："赶快逃进森林里去，他们快到了。他们会摧毁这个地方，奈蒂莉，你得立刻离开，赶快逃进森林里去，快走！"但所有人都忽略了她们的呼喊，而伊图肯在指引苏泰骑上伊卡兰从空中发动攻击。

库里奇在飞行船里透过玻璃天窗环绕地看着家园树，被家园树的粗壮惊叹到，同时，他看见杰克·萨利和格蕾丝被捆绑了起来，说到："看来我们的外交谈判失败了，好啦，各位，开工吧，我要所有的催泪瓦斯弹都对准入口。"

"了解，催泪瓦斯弹准备发射。"

"开火。"库里奇下达开火的命令。

催泪瓦斯弹朝向家园树的底部发射出去，进入纳美人的聚集地引起了纳美人的恐慌。

"中了，你真是神枪手。"库里奇对发射的操控员说道。

"回击！"

这时，苏泰指引纳美人举起手中的弓箭朝向天空射去。

"长官，他们开火了。"飞行操控员对库里奇说。

"你不是在开玩笑吧。"库里奇对纳美人用弓箭攻打钢铁盔甲外壳的飞机不屑一顾。

"这些野蛮人怎么还搞不清楚状况，给他们一点颜色瞧瞧。改用燃烧弹。开火。"

一个个如火球一般的燃烧弹径直朝向家园树的底部发射过去，一团团的火焰爆炸起火，让恐慌的纳美人四处逃窜，而火焰烧到树根部分，助燃起了更大的火焰。

"大家快到森林里去！"伊图肯发号施令让所有的纳美人赶紧逃离。

"蟑螂就是这么驱散的。"库里奇得意地说道。

奈蒂莉在和纳美人都迅速往森林撤退时看了一眼杰克·萨利，便走了。正当，杰克·萨利和格蕾丝自行想办法挣扎着离开时，莫娅既感到愤怒也感到恐惧，举起手中弯刀为杰克·萨利松绑并说："如果你是我们的一分子，帮帮我们！"

"电影里这部分，库里奇发起对家园树攻击，战斗在逐步升级。当格蕾丝和杰克·萨利被绑起来却仍然担心纳美人，呼唤其躲起来时投射的是行使正义是不受条件和环境约束的，它始终带着爱。而莫娅在和纳美人撤退的时候，选择放了杰克·萨利并请求帮助，投射的是拥有爱的人，因为心中充满爱，会放下仇恨，放下过去的欺骗，始终给予人接纳与包容，并拥有重新相信的能力。"杨老师说。

我想起人们常说"人非圣贤孰能无过，知错能改善莫大焉"，不就是对人的接纳和宽容的体现吗？但是，活在认知价值观里，我们就会反复强调这种对错和仇恨，把自己束缚在认知中，看不见爱，甚至挥霍他人给予自己的爱，充满欺骗和伪装。

"各位注意，改用导弹，向西边的支柱底部开火。"库里奇再次向所有人发出指令升级武力攻击。

所有的飞机和发射程序均准备到位，库里奇说："把它轰垮。"

于是，所有的导弹朝向家园树的底部开火，连续袭击家园树。而楚蒂始终不忍按下，挣扎之下，她关掉了发射口，把飞机转向飞行，她说她来这里不是干这种混账事的，说完便返航离开了。

家园树被火力全开的导弹攻击，燃烧，炯炯火焰不断烧着树的根部，使树的根部越来越脆弱，脆弱到整个树开始有些摇晃。树叶在落下，根部在不断燃烧。最终，根部无法承受大树的重量断裂了，家园树倒下了。

纳美人发出了哀号，伤痛无比。远程操控室里的人也感到失落和惋惜，而库里奇得意地夸奖他的士兵们："干得漂亮，第一顿庆功宴算我的。收队，返航。"

"杨老师，也就是说，合一时，和人相处、合作，能够降低沟通成本，减少内耗，促进人与人之间的合作和共赢。否则，就会陷入内耗。对吗？"我说。

"是的。无法合一，冲突就一天不止，人就会始终内耗，反复纠结，精神状态很差，而我们和外界的一切冲突实际上也都是由内在冲突投射出来的。"杨老师说。

奈蒂莉在一片混乱中找到父亲，伊图肯被掉落下来的树权击中了腹部，奄奄一息。奈蒂莉看到受伤快不行的父亲哀痛无比。伊图肯对奈蒂莉说："女儿，拿着我的弓箭，保护族人。"说完便安静离去。

杰克·萨利寻找着奈蒂莉，看见在父亲面前跪着的奈蒂莉，对奈蒂莉不停说着"对不起"。

"滚开，离我远远的。永远别再回来。"奈蒂莉愤怒地驱赶杰克·萨利。

实验室一端，帕克和杰克·萨利约定的时间已经到了，帕克吩咐人把连接的机器停了，诺姆极力地阻止却敌不寡众。连接的设备被强行停止，杰克·萨利心中说着："我梦想成为带来和平的战士，但很残酷的是，你终究得回到现实。"

"伊图肯的离去并把弓箭给予奈蒂莉让其保护族人投射的是潜意识阳性能量的消逝以及阳性能量传承的需要。探索时，我们说过，潜意识里的能量是平衡的，伊图肯离去了，就必然要有另外一个阳性能量会出现。看过电影的会知道，这个人就是杰克·萨利的阿凡达。但现在，杰克·萨利还需要最终确立自己的灵性价值观，才能与阳性能量的传承结缘。"杨老师说。

"当杰克·萨利开始尝试和库里奇、帕克说潘多拉星球家园树下的宝藏难以依靠战争来获得，并且想要告诉纳美人自己在参与阿凡达计划时，他就已经被唤醒了。然而，由于库里奇和帕克投射的认知十分强大，所以，一直都在博弈。"杨老师说。

此时，我才发现认知是变化的，犹如世上唯一不变的就是变化。

拥有本质，它会指引认知不偏离轨道，与认知合一。同时，它也会是我每做一件事的最高目标、最高标准。让我如同分设中短期制定战略计划一样，一步一个阶梯在大脑中想象完成的样子，在现实中一步一个脚印坚定地实现它。反之，我就可能会走着走着，发现做了很多事情，却偏离了目标，受到外界的影响，掉入了与目标背离的杂事中，无法达成长远目标。

在成为爱的源泉时，价值观统一，内耗终止，信念强大，我们才能将生命焕发的生机得以延续，带着正心、正念、行正行、走正道。

你的练习

1. 成就喜悦与富足的幸福人生

探索者	价值观冲突	我的婚姻价值观	冲突表现	真我价值观
周卉	婚姻结合的初衷差异	自己要的孩子，自己选的路，只能自己忍受	容易受影响、拥有易变性、持续性内耗和冲突	宇宙观、世界观、人生观

（说明：读者用铅笔做自我练习）

2. 参考填写"我、身、心、灵",觉知从探索之前的身心灵不合一状态变成合一状态的工具。

全息心理健康
觉：　　身心合一
价值观：做女性该做的事
情　绪：和平、喜悦、富足

全息精神健康
念：　幸福人生
使命：追求幸福生活
信仰：幸福、圆满

全息伦理健康
姓名：周卉
角色：和谐使者
关系：放下一切关系冲突

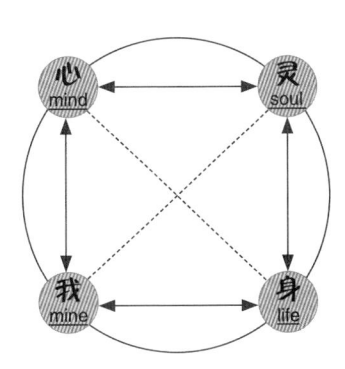

全息身理健康
性别特质：母性
身相：女儿身特质
体质：孕育生命的能量

———— 读者用铅笔做自我练习 ————

全息心理健康
觉：＿＿＿＿＿＿＿＿＿＿
价值观：＿＿＿＿＿＿＿＿
情　绪：＿＿＿＿＿＿＿＿

全息精神健康
念：＿＿＿＿＿＿＿＿＿＿
使命：＿＿＿＿＿＿＿＿＿
信仰：＿＿＿＿＿＿＿＿＿

全息伦理健康
姓名：＿＿＿＿＿＿＿＿＿
角色：＿＿＿＿＿＿＿＿＿
关系：＿＿＿＿＿＿＿＿＿

全息身理健康
性别特质：＿＿＿＿＿＿＿
身相：＿＿＿＿＿＿＿＿＿
体质：＿＿＿＿＿＿＿＿＿

觉知信念

只有真正触摸到信念，信念才会引领你的人生轨迹。

用正确的价值观解读世界，世界就可以变得既简单又纯净。消除了一切内耗，内心便拥有坚定。坚定地看见自己，坚定地寻找"真我"，坚定地实现梦想。这份坚定，便是信念系统。它会如磐石一般，面对认知的挑衅，获得博弈的全胜，从此不再摇摆。

电影《阿凡达》，潘多拉星球的纳美家园已经满目疮痍，一片黑暗。凡有战争，必有牺牲，凡有希望，必有痛苦和丧失希望。然而，黑暗才是光明的开始，牺牲更是重生的机会。这一回，杰克·萨利会如何带领纳美人走向光明获得重生呢？我又如何借由杰克·萨利的投射看见"真我"的呈现，获得重生呢？跟随电影，带着觉知，走入探索自己的最关键时刻吧。

失去家园树的纳美人伤亡十分惨重。杰克·萨利和格蕾丝、诺姆被库里奇中断连接并关了起来。楚蒂乔装送餐人，借机将看守者打晕后，与另一位工作人员救出杰克·萨利，并前往直升机停靠地，准备离开。

操控师发现后及时向库里奇汇报。库里奇顾不上戴氧气面罩，拿起机关枪快速冲出了操控室，朝着飞机扫射过去。

此时，杰克·萨利刚把轮椅放上直升机，等不及了，楚蒂立刻启航躲避袭击，格蕾丝最后快速登上直升机。正当她们因成功离开而兴奋，并夸楚蒂干得漂亮时，却发现格蕾丝中弹了。

借着杰克·萨利对潘多拉星球的熟悉，为了阻止其他人追过来，她们飞到磁旋涡的连接舱，并最终决定去灵魂树附近。

杰克·萨利给虚弱的格蕾丝打了止疼针，说："纳美人会帮我们。"可格蕾丝说自己不相信童话故事，也找不到纳美人会帮自己的理由。

而杰克·萨利的内心独白却说："纳美人说，艾娃会保护他们，没有家园，没有希望，他们就只剩下一个地方可以去了。"

"杰克·萨利离开潘多拉星球的军事基地，决定去灵魂树附近并提及纳美人只剩一个地方可以去，指的就是灵魂树。投射的是当人失去家园的归依、面对外界毫无归属并感到迷茫、毫无希望时，潜意识即心灵才是最佳去处，也是获得重生能量的源泉地。"杨老师说。

来到连接舱，杰克·萨利躺进连接舱，开始再次连接潜意识。

诺姆问杰克·萨利："杰克·萨利，你有什么计划？"

"我没有计划。"杰克·萨利说。

"苏泰现在是酋长了，他是不会让你接近那里的。"诺姆在劝说杰克·萨利。

"我总得试试。"说完杰克·萨利开始再一次与潜意识的连接。

"杰克·萨利和诺姆的对话，投射的是探索自己是未知的，充满困难的，但只有尝试才有可能，也只有勇敢才能看见自己。杰克·萨利这时已经表现出了坚定的信念，但他还要用行动来自我确认，建立真正的信念系统。"杨老师说。

杰克·萨利的阿凡达醒了，他走在森林里，家园树周边一片灰暗，他对自己说："放逐者、叛徒、异类，我在这里，没有任何地位，我们需要彼此帮助，但要再度面对他们，我必须重新改变他们对我的看法。"

杰克·萨利一边走着，一边看着四周被烧得灰黑的样子，满目都是一片狼藉，但是心中却充满希望。

"杰克·萨利的阿凡达看见森林和家园树的灰暗，投射的是探索自己的灵性价值观被认知打败时不被外界理解和认同的至暗时刻。现实里，这一时刻，有的人会有几年甚至几十年。而杰克·萨利说他人的看法，投射的是认知价值观，'放逐者、叛徒、异类'投射的是认知价值观的评判。杰克·萨利最后说'我必须重新改变他们对我的看法'投射的是战胜认知价值观，重塑认知需要坚定的信念。"杨老师说。

远处一个叫声，杰克·萨利的伊卡兰朝他飞了过来。

"人一辈子有时就得靠一次疯狂的举动。我们要去做一件事，你肯定不会喜欢。"说完杰克·萨利将辫子与伊卡兰连接，骑上它飞翔了起来。同时，魅影出现了，飞在了在杰克·萨利的正下方，杰克·萨利心中对自己说："我认为，魅影是天上最可怕的飞兽，没人敢攻击它，所以它怎么会往上看呢？"

此时，杰克·萨利的伊卡兰看到魅影有些害怕，而杰克·萨利心中只想要征服魅影。

"不过我只是猜测。"于是,杰克·萨利指挥伊卡兰向下俯冲飞向魅影,从伊卡兰身上跳到魅影身上,一跃征服了魅影成为魅影骑士。

"从杰克·萨利获得纳美人的信任到成为纳美人,到之后将发生的战争,都是杰克·萨利信念系统建立和自我确认的过程。这时,潜意识中的所有能量包括爱、安全感、无畏精神以及恐惧转换的能量,都会成为信念系统的支持能量,帮助他征服魅影,成为拥有情商的最高领袖。"杨老师说。

我感到探索自己本身就是一件十分疯狂的事。因为,探索的路上,我无时无刻不在和情绪斗争,被价值观博弈牵绊。这时,我感到应该做的事都是自己不喜欢的,也充满了摇摆和纠结。而驾驭情绪时,我选择的事都是为结果或目标服务的。这时,事情没变,我却能投入、专注、收获结果。

而探索时我纠结的就是常常自问和问杨老师:梦想真的能当饭吃吗?但其实我一直走在拿梦想当饭吃的疯狂道路上。

"杨老师,梦想真的能当饭吃吗?"我再度开始了询问。

"这个问题在探索潜能时你就问过。为什么如今又再问呢?"杨老师说。

"因为我感到花了这么长时间,却仍然不能够把梦想转换成养活自己的能力。孤独和煎熬,让我产生自我怀疑,然后掉到低落的情绪中。"我说。

此时,"裸辞"快一年,探索记录也快十个月了。放弃,我于心不忍,不放弃又没找到出路。现实迫在眉睫的生活问题和经济困难,每天都在无法逃避中提醒并干扰我。

"人无远虑必有近忧！"梦想与生存并非矛盾的取舍关系，而是远近关系。大梦想是用来确定人生或职业方向的，无梦想必焦虑，有梦想即便当下在走弯路或绕路，最终都会走回到梦想的道路上，成就自己。

"梦想是未来的方向，生存是当下朝梦想前进所要积累的跬步。'积跬步可以行千里'，我们的人生道路才能越走越远。所以，你现在担心梦想是否能当饭吃的焦虑，就是多数人想要在生存和梦想上取舍，内心困惑和外在诱惑在博弈的表现。

"当你一直在相信和怀疑之间做选择题，并在怀疑之中纠结、徘徊和情绪反复时，坚定的信念系统就是帮助你经受考验的关键。让你能够最终战胜心魔，赢得博弈，实现梦想，成就生命的价值和意义。

"现在，你想要在快到终点的时候就放弃吗？"杨老师说。

老师的话刺进了我的内心，在最痛苦、最纠结、也最不敢确定的人生时刻。虽然，我还不知道探索自己是否真的会让我改变迷茫，收获生命的蜕变，成为拿梦想当饭吃的人。但我却知道，放弃了，我就一定是个和原来一样迷茫的普通人。何况，我已经在这条路上走了这么远。

这时，我的内心升起毫不犹豫地呐喊："杨老师，我不会放弃的。"

"其实，探索自己不是改变我们的本质，拿梦想当饭吃也不是让我们不切实际地追梦。而是，我们要在这个过程中，为自己注入带着坚定信念系统的使命感，并用它达成梦想，实现自己的生命价值和意义，在现实世界不虚此行。"

"如果感到摇摆，你可以把注意力放在你的自我确认上，在日常里重复听。因为它是对潜意识重复地训练，这时你甚至不需要去关注该怎么去做，它自动就会影响你，并在你遇到困惑和诱惑时自然打败它们。

"同时，你还可以经常把梦想实现的画面在大脑里重复播放，让画面感带领你进入到实现梦想的场景中，激活你的信念系统，让你在探索时可以专注并投入。你看孩子在做喜欢的事情的时候会觉得累吗？"

杨老师说。

"不会！小孩子玩自己喜欢的东西时连时间概念都没有，并投入其中，越做越开心。"我说。

"就是啊，这种热情的投入和沉浸在自己喜欢事情里乐此不疲的样子，就是使命感和信念系统共同支撑我们处于身心合一状态下的样子。拥有使命感的人，在做任何事时，都是带着信念的。

"无论未知有多么不确定，他们会选定我要成为谁，我要去哪里，听心里的声音，相信相信的力量，做自己喜欢的事情，并坚定走下去。这就是信念系统给生命注入的使命力量。我们常说'梦想引路，使命必达'就是建立信念系统后用使命实现梦想的过程。

"如果，你想要实现梦想，使命感、信念系统和梦想，这三者密不可分！"杨老师说。

探索自己，我做的很多行为，都是常人觉得渺小的不值得一提的小事。单纯就自我确认从写到录制再到重复地听，它都和我们所理解的实现人生宏伟价值和意义的事看起来毫无关联。

然而，我每天循环播放，将近半个月重复听了几十上百遍后，内心摇摆的频率和次数逐渐减少了。这时，在选择和困惑出现时，它能唤醒自己收获处理的办法，放下心中的浮躁，带着信念和使命感笃定地前进。

"杨老师，在您的指引下我重复听并自我确认，专注于自己的探索记录时，心中就升起了一股无名的能量。它让我能抛开烦扰的现实，让我感觉自己无所不能。这时，我没有时间和精力再去恐惧和纠结。"我兴奋地和老师说，好像一切烦恼都被抛诸脑后一般。

"信念本身就是一股神奇的力量。专注、投入沉浸地去做与梦想有关的事情，并把执着梦想的信念植入到你的心中（大脑里），你就会带着使命感和信念去完成。这时，你的潜能就会彻底开发，成为真正爱的源泉，拥有完善的人格，让'真我'如是显现。

"而想要信念神奇力量始终起效，你要有意识地从小事上不断训练自己坚定信念。它是你对一切与梦想无关事情拥有抵抗力和免疫力，并强大信念系统的关键。因为，小事坚定，大事才坚定！"杨老师说。

探索自己，我不断体验和关注与之有关的文章、书籍，同时聚焦自己生活中积极的能量和生活体验，做与梦想有关的事情。当我把充满灵性的文字一个个敲打在键盘上，一篇篇书写下来时，闲暇时光的再度回看，让我感到这种坚定信念力量的积累，最终会形成我对梦想的信仰。

"杨老师，小事坚定让我感觉，时间会把每份坚定所累积的能量凝成一股绳，承托起我对梦想坚定无比的信念。"我说。

"是的。生活中，外界的干扰和诱惑太多。没有一条路径是完全为我们准备好的。我们也没有一模一样的参照物来照样做或者学习参考，即便要走的路相同，也会因为环境和人不同而结局不同。因此，建立信念系统，老师再次强调，专注产生灵感，坚持出现概率，重复才能成为专家！

不能够专注于小事中积跬步强化自己的信念系统，还在不断变，或者总想投机取巧找捷径，这样信念系统根本建立不起来，也很难在梦想的道路上，坚定地踏出属于自己的梦想热土。杰克·萨利建立信念系统时，是整部电影最长的战斗过程，导演记录了信念系统从摇摆不定到坚定，从恐惧未知到自我突破，从众人不理解到活出生命价值和意义的过程。我们继续进入电影体验这令人惊心动魄又激情澎湃、使命必达时刻吧。"杨老师说道。

> 纳美人在灵魂树前向所有因为这次战争而离开的生命进行祈祷。她们向艾娃女神祈祷赐予他们一个救星。这时，天空出现一个大影子，大家看过去，杰克·萨利驾着魅影从空中降落下来，松开和魅影的连接走下来。

苏泰、莫娅、奈蒂莉和所有纳美人都惊呆了。魅影是所有纳美人心中神圣的化身、精神领袖的化身，杰克·萨利竟然可以驾驭魅影成为魅影骑士。当杰克·萨利朝着灵魂树的方向走过去时，奈蒂莉走上前对杰克·萨利说："I See You。"

"I See You。"杰克·萨利用同样的方式回复奈蒂莉。

"我很害怕，杰克·萨利，为我的族人担心，但现在我不再害怕了。"奈蒂莉的话让杰克·萨利感到开心。

"纳美人在灵魂树前祈祷赐予一个救星的同时杰克·萨利便驾着魅影出现，投射的是我们在潜意识中精神领袖的力量，会让我们的渴望在某一个时间变成现实。这种想象成为现实，在现实中就是心想事成的表现。而奈蒂莉充满安全感地对杰克·萨利说看见他就不害怕了，投射的是真爱能够消除恐惧。"杨老师说。

我还记得最初探索自己时，老师曾说修心的一切都是在心里也就是大脑里完成的话。同时也想起每个部分探索时，在生活中奇迹般投射出与其有关的真实事件帮助我加深觉察和觉知的现实。我便觉得自己开始拥有了心想事成的能力，并能掌握它的秘密了。

接着杰克·萨利朝苏泰走过去，说："苏泰，阿特尤之子，我站在你面前，随时准备为奥马蒂卡亚族效劳，你是酋长，也是为伟大的战士，没有你我办不到。"

此时，苏泰看着杰克·萨利身后的魅影，说："魅影骑士，我愿意追随你。"

"当杰克·萨利请求苏泰帮助，而苏泰欣然接受并表态愿意追随时，投射的是信念系统的建立，'真我'对负面情绪的接纳，会让负能量转化成正能量。所以,一切情绪都是能量,是能量就能转化并利用。"杨老师说。

"我的朋友快死了,格蕾丝快死了,我请求艾娃帮助她。"杰克·萨利把现实中奄奄一息的格蕾丝和格蕾丝的阿凡达一起抱到灵魂树下,所有纳美人蜷坐在灵魂树下,莫娅告诉杰克·萨利:"艾娃也许会选择保存她的灵魂,转移到这个身体。"

"这有可能吗?"杰克·萨利紧张地问着。

"她必须通过艾娃之眼的考验,然后再回来。但是杰克·萨利,她非常虚弱。"莫娅对杰克·萨利说。

"坚持住,格蕾丝,她们会把你治好的。"杰克·萨利和格蕾丝说。

莫娅和所有的纳美人一起启动着灵魂树,呼唤着艾娃女神,请艾娃女神接受这个灵魂,救救她,让她的生命得以延续。所有人竭尽全力地拯救着格蕾丝的灵魂,格蕾丝虚弱地转身对杰克·萨利说:"杰克·萨利,我看见艾娃了,她是真的。"说完格蕾丝眼前的杰克·萨利越来越远,也越来越模糊。格蕾丝的意识越来越弱,一束光突然间闪现结束,格蕾丝和格蕾丝阿凡达身边的光束全部慢慢暗下,格蕾丝真正地离开了。

杰克·萨利无法救治格蕾丝,内心有些惋惜,可他还有更大的使命需要完成。

"所有纳美人一起念祷告语的场景,投射的是自我催眠的暗示。它是唤醒信念系统的积极能量咒语,会带来强大的能量转换,将负面能量转换成积极正面的能量。也是信念系统强大时需要面临的取舍。格蕾丝和诺姆,其实都是潜意识里面的能量。他们分别投射不同潜能信念。

"也就是说，当一个潜能对应一种信念时，意识能量分散到不同的潜能中，无法汇聚，就无法建立强大的信念系统。反之，如果只选择一个潜能，只坚守一个潜能对应的信念，我们才会拥有目标坚定和使命必达的决心，拥有强大的信念系统。所以，格蕾丝的离去，诺姆渐渐地不再出现，以及之后苏泰的离去和前后离去的纳美人，都是在建立强大信念系统中舍去的潜意识能量。"杨老师说。

老师这么一说，我想到自己刚"裸辞"时那些外界传输到潜意识发出回应的各种声音，令我感到无法专注、投入。然而，当我一一屏蔽，并坚决断掉时，内心的声音就变得越来越清晰和强烈，信念也越来越坚定。

"杨老师，我懂了。也就是说，实现梦想，获得信念系统的建立，我必须始终坚守一个信念？"我说。

"是的。取舍就是为了完成真正的梦想。其实，杰克·萨利也不想格蕾丝死，他也在拼命努力地挽救。但当我们什么都想要顾及，无法取舍时，我们无法完成心中那个伟大的梦想。如果，把格蕾丝想象成现实生活中的投射，它可能是朋友、父母、孩子、配偶，甚至于当下窘迫的生活。

"所以，有人常说'你任何的选择，都必须付出代价。因为有得必有舍。'但很多人，往往因为对亲情、爱情等许多东西无法割舍，最终输掉。而所有做出取舍的决定，都是常人看不懂的。你去看那些想要成为高手或者大师的人，面临取舍时候的场景，就明白了这种痛苦和不被理解的滋味。"杨老师说。

格蕾丝离去后，杰克·萨利随即转身拉着奈蒂莉，走到苏泰面前，说："请你允许，我现在有话要说，恳请你为我翻译。"苏泰点点头。

"外星人传达一个信息给我们，他们可以为所欲为，而且无人可敌，但我们要传达一个信息给他们，我们要向疾风一样出发，号召其他所有的部落，告诉他们魅影骑士在召唤他们，我们现在就出发，我的兄弟们，姐妹们，我们要让外星人知道，他们不可以为所欲为，因为这里是我们的家园。出发！"

杰克·萨利的一番话激发了所有纳美人的战斗意志，为了自己的家园，为了纳美人的家园，号召所有部落的人行动。此时，所有人热血澎湃地响应着杰克·萨利，在欢呼和拥护中，杰克·萨利和奈蒂莉骑上魅影出发。所有人也都陆续骑上自己的伊卡兰跟着出发。

"我们走遍四面八方，到马族部落所在的平原，到东海岸边找到了伊卡兰族，魅影骑士的召唤让所有人团结在一起。"

杰克·萨利心中念着自己为拯救家园的信念，骑着魅影骑士走遍每个部落，召唤部落们加入这场战争。

"杰克·萨利成为魅影骑士就意味着他成为潘多拉星球纳美家园的阳性能量传承即精神领袖。而舍弃了潜意识的其他能量，只需要坚守一个信念系统时，这个信念系统就会强大到拥有奇迹的力量。杰克·萨利的信念和使命是保护纳美人的家园，这时投射它的信念系统拥有奇迹力量的表现就是召集四面八方的部落，团结一起拯救家园。"杨老师说。

与此同时，库里奇在基地也开始整装他的军队。他对所有的士兵说："这个基地的每个人，所有人，都在为生存努力，这是事实。现在外面有一大群纳美人正在集结，准备攻击。

目前根据卫星图片显示，这些纳美人一天之内就从数百人增加到了两千多人，而且人数还在增加，一周之内人数可会达到两万人，到那时他们就会冲破我们的外围防线，但我们不会让这件事情发生，我们唯一的办法就是先发制人，我们将以暴制暴，那些纳美人相信他们山上的据点，是受到了他们的神灵保佑，那么当我们摧毁它的时候，我们会在他们的记忆里深深地烙上一个教训，让他们永远再也不敢接近离这里方圆一千公里的地方，这将是事实。"

此时，所有的士兵也都雀跃欢呼，接着各就各位紧急准备武器、炮弹和设备。

"这时库里奇对士兵的训话，投射的就是认知对灵性价值观顽强的抵抗。在认知与灵性博弈中，偶尔获得的胜利会让认知对最终的结果始终不满意，并且总是想要分个输赢。现实中，这样的人会始终活在痛苦之中，感受不到爱，也无法活在爱之中，麻木不仁。"杨老师说。

杰克·萨利在基地的内应告诉了他库里奇在基地的行动，他说他们要把飞行器变成轰炸机，在运输船上装满了炸矿坑用的炸药，准备进行一场可怕的战争，所有人都听库里奇的号令，没有人敢吭声，并且第二天早上的六点便开始发动攻击。

听完这些话，诺姆觉得他们输定了，而楚蒂也说纳美人要用弓箭对抗武装飞机，有点可笑。但杰克·萨利说："我有15个部落的人马，超过两千名战士，我们清楚这些山的地形，我们清楚，你也清楚，但他们不熟悉，他们的电子设备在这里不管用，自动追踪导弹系统也没用，他们只能手动瞄准，如果他们攻过来，我们就有地形上的优势。"

楚蒂说他们一定会直接轰炸灵魂树，一旦到达那里就玩完了，那是纳美人和艾娃——他们的先灵联系的地方，这会摧毁纳美人的意志，杰克·萨利说那就最好别让他们得逞。

"当诺姆、楚蒂听到库里奇的行动计划时，她们反应是觉得输定了。而杰克·萨利却能够找到自己优势，充满信心。投射的就是强大的信念系统能够帮助我们在困难和迷茫之中找到突破口，看见希望，并战胜恐惧，拥有信心。"杨老师说。

这时，杰克·萨利走到灵魂树旁，说道："我可能只是在和一棵树说话，但如果你真的在那里，我必须提醒您，如果格蕾丝和您在一起，请您看一看她的记忆，看看我们来的那个世界，那里一片荒芜，他们亲手杀死了地球母亲，现在他们要做同样的事，更多的外星人会来到这里，他们只会越来越多，而且永远不会停止，除非我们能阻止他们。我知道您选择了我是有原因的，我一定会奋起抗争，您知道我会这样做的，但我真的需要您的帮助。"

杰克·萨利与灵魂树进行连接，诉说着心中的话语。奈蒂莉慢慢地走过来，站在杰克·萨利的身后安静地听着杰克·萨利说完后，对他说："艾娃不会偏袒任何一边的，她只维护生态的平衡。"

"我总得试一试。"杰克·萨利对奈蒂莉说。

"杰克·萨利与灵魂树的连接，投射的是他建立信念系统重复自我确认的时刻。而奈蒂莉说'艾娃不会偏袒任何一边的，她只维护生态的平衡。'投射的是，宇宙中所有的物体或者生物都是这个宇宙秩序整体中的一部分。只有它们在平衡的状态下，才会完成宇宙与人类全能的进化。"杨老师说。

战争在这之后，便进入了白热化状态。探索也到了越是关键的部分，我们更要带着觉知的能力，在激烈的战斗中，看见电影的投射，看见人物、角色、行为之间的关系。

此刻，基地一方的飞机全部待命就位，螺旋桨转动，所有的飞机同一时间出发，直到飞机将进入电磁漩涡中，指挥机发出信号所有的飞机都进入手动飞行模式。

杰克·萨利骑着魅影带领着部落们的战士在悬浮山的地方为等候着飞机来临，寻找机会。

库里奇要求所有的人员对于这次战争要速战速决，战士们的飞机落地，所有的机甲小组和战士们纷纷下机。陆地上的机甲战机们和战士保持队形在森林里前进着。指挥机、护卫跟着航天飞机提示它们注意周边并不断向目标靠近。

此时，杰克·萨利和纳美部落的族人趴在岩壁上伪装，伺机等候。陆地的热能机甲探测到五百公里外的异样情况，感到可能会有攻击，空中的飞机也感应到了地面的动静，但是干扰让他们没有办法看得更加清楚。

如杰克·萨利所料，军队无论是地面或者天空，在进入悬浮山没有办法使用设备的情况下，所有人就像瞎子摸象，只能跟着感觉走。杰克·萨骑着魅影带着族人开始发动进攻，他俯冲从大型指挥机的后侧进攻，魅影的双脚，抓住一架小型的飞机，一个用力将其从空中扔向了一边。紧跟着，苏泰一箭近距离射穿另外一台飞行器的机舱驾驶部位，使得飞机立刻失控。杰克·萨利的攻击来得出其不备，库里奇只好发布号令，让所有的战机自主射击。

地面的攻击也越来越近，所有的士兵和机甲做出防御阵型朝着对方进行扫射，进攻的纳美族群却不断地向前逼近不被扫射影响。库里奇命令飞机们分散队形，所有的小型飞机飞散开来，杰克·萨利便见一台抓一台甩开，同时用手中的机枪扫射飞机驾驶室。

战斗疯狂地在天空和地面同时进行着，杰克·萨利开始向指挥机发动进攻。地面的诺姆呼应杰克·萨利说，敌人的火力太猛需要撤退，杰克·萨利让地面的族群撤退，自己开始盘旋在指挥机附近寻找机会。被库里奇发现后，他对准杰克·萨利开炮，却都被杰克·萨利巧妙躲避。

楚蒂开着飞机接应杰克·萨利攻击指挥机。几个回合下来楚蒂的飞机着火了，往低处飞却碰上了地面的机甲，只能返航。奈蒂莉的伊卡兰被射中了，摔落在地面，牺牲了。苏泰飞入一架飞机中与射击手对战，被机枪打中直线落到地面。诺姆也被机枪击中倒下了。

当杰克·萨利呼喊他们却都没有答复时，只收到了奈蒂莉的呼唤。杰克·萨利告诉奈蒂莉不要攻击,现在就离开,这是命令。就在奈蒂莉准备用弓箭进攻时，远处巨大的声响在向她靠近，是锤头兽的族群，它们用庞大的身躯对抗着机甲们，它们进攻得快速且猛烈，逼得机甲们节节败退，发出撤退的指令。

奈蒂莉对杰克·萨利说，艾娃听到了，大自然里面此刻所有的鸟兽都一并加入了保护家园的队伍中。它们径直地从空中朝着飞机进攻。天空中，地面上所有的动物一起进攻，就连闪雷兽都出现了，其中一头走到奈蒂莉的面前，愿意成为奈蒂莉的坐骑。

"战争破坏平衡，灵性遭受认知的强烈破坏时，为了维护正义的真理，宇宙会与所有人事物发生同频共振，来赢得真理的回归。杰克·萨利保护纳美人家园的信念和使命投射的便是正义真理的代表。电影里所有野兽们参与战斗，投射的就是与宇宙连接发生共振，所有负能量和正能量被接纳和转化时，潜意识凝成一股神发生的奇迹力量。"杨老师说。

  纳美人的伤亡损失惨重，突然出现的飞鸟走兽的攻击让天空中的护卫机不是被击落就是正在撤退。此时，库里奇仍然决定强攻目标。而杰克·萨利从一架飞机的后方靠近跳上指挥机顶面，解决掉一个个士兵后，向飞机的引擎投入炸弹，使飞机失衡，投弹倒回到舱中，在舱内爆炸使飞机直接向下坠毁。

  只剩库里奇的指挥机。杰克·萨利只身跳上了飞机，准备投弹却被库里奇发现立刻改变飞机的倾斜方向，令飞机失衡。杰克·萨利滚了下来，炸弹炸毁了天窗。被悬挂在飞机一侧的杰克·萨利徒手取下机上的一枚炮弹，飞机开始失控了，发出警报声。库里奇立刻回到飞机中，进入到自己的机甲里，在飞机坠落地面爆炸的同时着陆了。

  库里奇隐约看到了连接仓，正准备开火时，奈蒂莉骑着闪雷兽扑了过来，双方进行好一番搏斗，不分上下，库里奇便拿出尖刀捅入了闪雷兽的腹中，一刀将其杀死，并连同奈蒂莉一起摔在了地面。此时，当奈蒂莉被闪雷兽的身体压得无法动弹时，杰克·萨利出现了。

  杰克·萨利让库里奇投降，库里奇说只要自己有一口气在就不会结束。说罢两人开始厮杀。库里奇的进攻凶猛，不留余地，杰克·萨利只有不断防御后退，也想办法用手中的武器将刀绞下来，然后爬上高处俯冲朝着机甲最脆弱的玻璃部分进攻。

  刀穿入机甲，离库里奇近在咫尺。库里奇干脆卸下被损毁的机甲面罩，带上防毒面具，继续用机甲操作与杰克·萨利战斗。

"库里奇说'只要自己有一口气在就不会结束'投射的就是认知的存在会成为我们一生的内耗源头。这意味着，凡是经验、知识如果不能够停止下来，我们就总会感到心累、纠结、迷茫和踌躇。这时，唯一可以帮助自己的只有信念系统，并且让'真我'实现灵性和认知价值观的合一。为此，我们应当付出一切努力去找到'真我'。"杨老师说。

库里奇说："杰克·萨利，背叛种族的感觉如何？你还真以为自己是他们的一员吗？你该醒来了。"说完，库里奇转身走到连接舱的方向，打碎玻翻找着杰克·萨利的连接舱。杰克·萨利见状立刻跑上拿出尖刀，直插下去，想要阻止并攻击库里奇却被甩出来。

此时，连接舱的氧气含量越来越低，在舱内连接的杰克·萨利感到呼吸困难，连接得十分不稳定甚至偶尔断开，这给了库里奇抓住杰克·萨利的机会。

就在库里奇抓住杰克·萨利的辫子准备用刀将其杀死的时候，奈蒂莉努力地从闪雷兽的身体中爬出来，爬出后用弓箭射中了库里奇，接着又补上一箭直至库里奇挣扎着倒下。

这时，杰克·萨利与阿凡达的连接断开了。现实的杰克·萨利从连接舱中出来，憋气，想要去拿旁边的氧气罩，腿脚不方便加上缺氧的虚弱，还没来得及够到面罩，就倒了下来。

奈蒂莉呼喊着杰克·萨利的阿凡达，也意识到了，跑到连接舱中找到现实的杰克·萨利，为他带上氧气面罩。

透过气的杰克·萨利对着奈蒂莉说："I see you。"

奈蒂莉回应他："I see you。"两人相视而笑。

"电影最激烈的战争，到这里就基本结束了。库里奇投射的物欲、贪婪者强大的认知，杰克·萨利投射的探索者'真我'灵性的化身。其实都拥有强大的信念系统。这也就意味着信念系统的宝藏谁要用都会给你帮助，哪怕别有用途也会起作用。

"信念系统没有对错，就如同宇宙系统的平衡没有好坏对错区分一样。但这条路是否能够走得长久，就需要爱。没有爱支撑的信念系统，任何道路都会是短期的。

"因此，老师常说要给信念打上爱的包裹，让信念与爱同行，有爱的信念就可以造福人类，它就是积极和正面的。带着敬畏之心走人间正道，传浩然正气。"杨老师说。

库里奇和杰克·萨利都拥有强大的信念系统，然而结局却不同。

库里奇从穿着厚厚的机甲到戴着面具不断地与杰克·萨利搏斗。他始终对自己的认知保持高度的认同，对杰克·萨利充满嘲笑。它被利益、面具包裹的自以为是信念，很像多数社会上追逐贪婪物欲，外在享受的人的样子。它会影响人类的生活、身体甚至心灵，使生活带着钩心斗角的疲惫，走向生命的终了。

而杰克·萨利历经坎坷、嘲笑、搏斗，即便他是残疾人，面对困难重重，却能够丢掉面具，无所畏惧充满信念的为正义而战，从而获得最大化资源的帮助，获得奈蒂莉奋力在最后的时刻迎面相救，赢得胜利，呼唤起与奈蒂莉的阴性能量合一的宇宙之爱。超越自己升起强烈的、唯一的、正义的信念。

杰克·萨利的阿凡达和奈蒂莉到森林里找到了已经奄奄一息的苏泰。苏泰对杰克·萨利说："I See You，杰克·萨利。族人安全了吗？我不能领导他们了，你必须要领导他们，这是注定的，完成奥马蒂卡亚族该做的事吧。"说着苏泰让杰克·萨利拿出刀将自己的生命结束。

"我不能杀了你。"杰克·萨利说。

"只能这样了，而且这对我来说是最好的，我会永远记得，我与魅影骑士战斗过，而且我们还是兄弟，他还是我最终的幻影。"苏泰对杰克·萨利说。

于是杰克·萨利用尖刀结束了苏泰的生命，对苏泰说"原谅我，我的兄弟，祈愿你的灵魂，就此追随艾娃，你的肉体留下，润泽故土。"

"战争结束，苏泰的最终离去投射的是信念系统最终建立时，做出的彻底取舍。这时，所有能量转化并修复了一切关系。现实中，就是带着爱的信念系统拥有的疗愈身心、修复关系的自愈功能。

这时，如果一个人正在吵架离婚，他就会知道小事坚定大事才会坚定，他会想结婚时对对方的承诺，想到这一点他们在婚姻中的僵局可能就会化解，这是修复关系的体现。

除此之外，信念系统可以找回梦想，完成使命，可以令人变得自信和勇敢，成就他人，甚至爱情和婚姻可以珍爱一生。"杨老师说。

"杨老师，当我的一些不良习性，自动改变，断掉无效社交，丢弃无意义的娱乐时间，作息比上班还规律，每天就算只做写作这一件事，也会感到乐此不疲时，当我身体因为生活的改变，发生一段时间感冒发烧然后自己转好，跑步旧患复发后自行恢复的现象时，是不是就是我信念系统自愈的表现呢？"我说。

"是的。真正的信念系统能启动人体细胞自愈系统的强大力量。这种力量，在那些医学上无法解释的康复奇迹中出现过，会让我们的身体发生自愈的现象。电影中，救治格蕾丝的过程，通过与灵魂树的连接听到了自己过去发生的一切，都是杰克·萨利自我疗愈的过程，我们连接潜意识回到过去看见自己,也都是自愈的过程。"杨老师说。

我感受到,探索的每一步,都是为树立信念系统和找到"真我"是谁而铺设的路。涅槃重生就是在建立信念系统的基础上,重新点亮生命的力量,产生"必须"的意愿,带着使命感去完成生命中最有意义和价值的事情。只要做的事情和信念中想的事情是一致的,潜意识中的杂念和干扰就会通通消失,剩下最纯净的念头强大信念系统,升华成为精神信仰,帮助我们连接小宇宙,激活宇宙之爱,唤醒强大的集体潜意识,升起心中的纯念,终结所有内耗。这时,"真我"是谁也一并呈现。

看见自己,让没有探索看不懂的人被现实打败去吧,让愿意探索的人勇敢超越自己,用信念系统引领人生轨迹吧。

"走进来,世界就在你的眼前!"

你的练习

1. 坚定信念,实现梦想

探索者	毫无信念时	信念不坚定时	建立信念使命时	坚定信念时
周卉	平庸 臣服于认知	对梦想摇摆不定 对现实感到心累	迎难而上,拥有耐心 小事坚定,大事坚定	梦想引路,使命必达 自我确认,不断重复

(说明:读者用铅笔做自我练习)

2. 参考填写"我、身、心、灵"，觉知从探索之前的身心灵不合一状态变成合一状态的工具。

全息心理健康
觉：　　知行合一
价值观：超越自己
情　绪：耐心、恒心

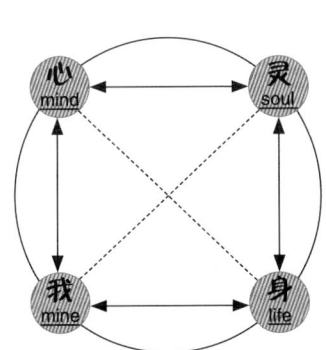

全息精神健康
念：　　身心合一的心灵作家
使命：致力于成为心灵作家
信仰：敬天爱人

全息伦理健康
姓名：周卉
角色：自己的精神领袖
关系：爱人自爱

全息身理健康
性别特质：女性
身相：知行合一的智慧女性
体质：敬畏生命系统、自然自愈

———— 读者用铅笔做自我练习 ————

全息心理健康
觉：＿＿＿＿＿＿
价值观：＿＿＿＿＿＿
情　绪：＿＿＿＿＿＿

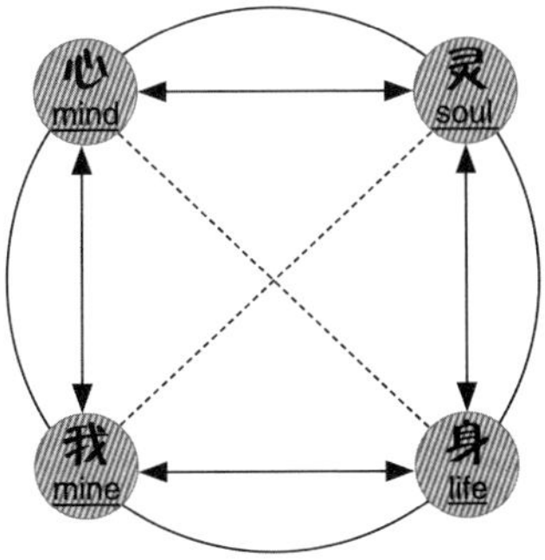

全息精神健康
念：＿＿＿＿＿＿
使命：＿＿＿＿＿＿
信仰：＿＿＿＿＿＿

全息伦理健康
姓名：＿＿＿＿＿＿
角色：＿＿＿＿＿＿
关系：＿＿＿＿＿＿

全息身理健康
性别特质：＿＿＿＿＿＿
身相：＿＿＿＿＿＿
体质：＿＿＿＿＿＿

觉知真我

觉知到鲜活的生命，看见自己，涅槃重生！

当我的精神导航打开，探索欲望被激起时，看见自己，我刚好历时了十个月。十个月，我从焦虑、抑郁、迷茫、困惑，到如今的平和、喜悦、宁静。我第一次专注地把时间花在自己身上。时间带来的仅是探索的结束，却是我崭新"真我"生命的开端。

我由衷地感谢电影导演，创造了这部充满现实意义的电影，也由衷地感谢杨新明老师，能够引领我借由电影的投射，更透彻和更完整地完成探索，找到我的"真我"。我与杰克·萨利一样"真我"与"小我"实现了合一。如果你还未找到"真我"，请你在看完本节后重新阅读本书，如同我反复修改书稿一样。因为，只有相信，才能找到"真我"。

战后，地球人陆续回到了他们在潘多拉建造的基地，杰克·萨利内心说："地球人返回了他们垂死的星球，只有少数人被允许留下，苦难的时代终于结束了，人们不再需要魅影骑士了。"

杰克·萨利坐在连接舱前，他说："这应该是我最后一次影像日记了，因为不论今晚发生什么，总之，我都不会再回到这里了，看来我该走了，我可不想错过我的派对，毕竟，今天是我的生日，我是杰克·萨利，录影结束。"

最后，杰克·萨利的现实身体和阿凡达在灵魂树下接受所有纳美人唤醒灵魂。此时，杰克·萨利的阿凡达，睁开双眼，电影结束。

"杨老师，当电影结束，杰克·萨利的阿凡达最后睁开双眼时，是不是寓意着杰克·萨利找到'真我'了呢？"

电影进入探索时，就从杰克·萨利在氧舱睁开双眼开始。电影尾声，当杰克·萨利的"真我"呈现时，也以杰克·萨利的阿凡达睁开双眼作为结束。杰克·萨利在眨眼间从"小我"进入"真我"，电影三个小时，我十个月，而有的人却要数年或者几十年。我想，这便是导演詹姆斯·卡梅隆的伟大，也是人类对探索生命，探索自我渴望的伟大象征。

可是，太多人没看懂它也不愿探索。单纯地欣赏一部光影声电美轮美奂的视觉盛宴，远比投入到现实痛苦的回忆中，来得轻松愉悦。但前者，有如外在"小我"对物质浮华的追求一样。后者，却能给予我们这一生不白活的价值存在，是"真我"对内心的真实渴望和真实自己的用心重构。

"是的。杰克·萨利浴火重生成为真正的纳美人，以这个身份留在潘多拉星球，投射的就是'真我'始终在我们的心里，在大脑的潜意识里。当'真我'被唤醒后，我们的格局就会随之扩大成为自己生命中的精神领袖，并再也无意用认知，去做任何的评判。"杨老师说。

在写本书时，我想过自己的故事并不具有代表性。但转念想，探索的意愿和蜕变的方式才是生命蜕变的本质。我从落笔、修改，到推翻重来，再到逐字逐句的朗读。每一次，我都能逐渐加深字里行间记录下来的探索感觉，使连接更加强烈，觉知更清晰。

强烈时，我会被自己的文字所感动。觉知时，我会被自己的故事所震动。

如果每个人都有机会一次次体验自己过往故事的过程，我们应该都会为自己拥有活着的生命，而感到伟大。所以，我更愿意告别以往那种漫无目的的社交和轻描淡写的聊天，一次次回归到自己探索记录的觉知状态里，去体验感悟生命带来的宁静，去阅读我给自己书写下的生命蜕变记录。

无数的夜晚，我宁静地审视自己，也在无数个星光交错的夜晚拥抱自己。我审视自己的过去、现在和未来，并拥抱不同时光的自己。回想起，探索尾声时与杨老师的对话："杨老师，我的探索要接近尾声了。我很期待，也很紧张。我想知道，我的'真我'究竟会以什么样的形式呈现出来，指引我未来的人生、事业和婚姻。"我说着，也期待着老师能够给我一个答案。

"周卉，你经历了什么？"杨老师问。

我经历了什么？我也在内心问自己。我经历了十个月的生命探索。十个月里，我的生命内核逐渐发生了改变。我建立起了自己的信念系统，而生命状态，也开始慢慢回到了最初鲜活的样子，充满平和、宁静和喜悦。我不再踌躇、纠结和迟疑。因为我的内心充满了光明。我开始知道"我是谁""我从哪里来""我要去哪里"。

"当你开始回顾探索经历时，你问老师的问题，相信已经有了答案。"这时，杨老师的声音听起来那么的亲切和温和。

是啊，其实随着探索的进行和记录的重复开展，我已经找到了"真我"，拥有了答案，只是习惯性地想要老师的肯定和确认。于是，我开始回顾探索自己中，我是如何借由自己的故事看见"真我"的。

我的探索，是以"我"为核心所发散出去的两个探索闭环（如图 8 所示）。

图 8　看见自己探索闭环

我看见过去，焦虑、抑郁、迷茫、困惑的生命状态，于是探索完成从觉知面子、隐私、安全感、恐惧、无畏，"我"的"小我"在父母原生家庭亲子关系中第一个探索闭环。"小我"状态时，我一直都在向外追逐，展示自己的要强和在意跟从别人的眼光。

我看见现在，我的健康、婚姻、事业和人际关系，都处于紧张状态。经过探索才发现都来自原生家庭悄无声息的影响。直到透过孩子作为自己的投射，看到自己人格模式的复制，反观自己隐藏在内心深处的人格缺陷时，在觉知家园中，我的心灵才逐渐从漂泊开始寻找归属。这期间，我的"小我"是孤独、委屈和愤怒的。我以为原生家庭和再生家庭形式上的不圆满，会让我终日无法逃脱浑噩，但其实我可以通过找到"真我"，重塑自我。

我看见未来，透过觉知潜能、情绪、真爱、价值观和信念，开始朝着自己真正向往的人生前进。这时，我回溯和前夫之间的婚姻关系，和孩子之间的亲子关系，"真我"的雏形才逐渐显现，生命开始发生蜕变。这是探索中最漫长也是最痛苦和煎熬的时光。它是以"我"的"小我"为核心向自己的再生家庭开展探索的第二个探索闭环。

我通过探索自己"真我"与"小我"合一的力量，停止了原生家庭对再生家庭的影响，重塑了"小我"。同时，也开始走向用"真我"修复和重建原生家庭的道路。

此时，我浑噩度过的 36 年画上了圆满的句号。从"裸辞"和十个月探索自己的记录中，我终于看见了外在的一切都因我内心改变，带来的生命蜕变。

而我的故事以及电影《阿凡达》都是在杨老师研究多年的 MLMS 生命觉学量子模型指引下投射开展的。于是，每个章节的最后都有探索工具来帮助我们完成"真我"的寻找。现在我就来一一解读，我是如何从"小我"的第一个维度，上升到第四维度"灵"的"真我"层面的。

首先，贯穿探索自己全程最需具备的便是觉察和觉知的能力。

其次，在对面的墙上，悬挂的则是 MLMS 生命觉学量子模型（如图 9 所示）。

我们对照来看，杨新明老师 MLMS 生命觉学量子模型的四个维度分别是"我""身""心""灵"。

第一个维度的"我"就是"小我"，包含三个元素：姓名、角色和关系。在前文时进行了详细解说。"小我"是我们走上社会的重要标签，谁都不能没有它。当我的"小我"的原始位置混乱，三个元素的不和谐时，过去我的家庭、事业、婚姻、人际关系等就处于不和谐状态，令我们活在不知道"我是谁"的迷茫之中。

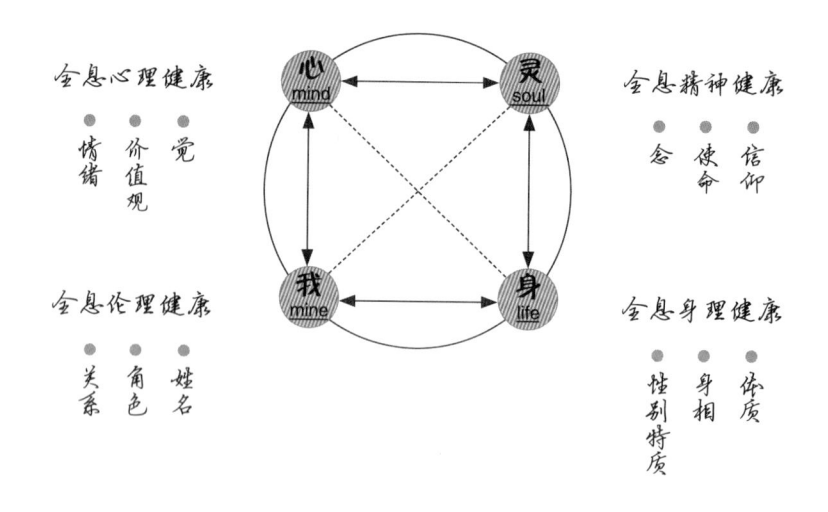

图 9　杨新明老师的 MLMS 生命觉学量子模型

第二个维度的"身"就是身体。它也包含三个元素：性别特质、体质和身相。性别特质在探索中体现的就是，阴阳关系的平衡、宇宙能量的平衡。体质是在探索中潜意识连接的反馈体。它是个比大脑还要灵敏和准确的潜意识连接器。它能真实地呈现潜意识中的所有信息。但暴饮暴食、作息紊乱等违背身体生命自然法则的生活陋习，使它被使用得疲惫不堪、透支超载。人们只有在疼痛和疾病时才能够感受到它的存在。"身"的最后一个元素身相，就是对身体外部的追求。它包括五官面相、发型、肤色、形体、服装、饰品等。

从第一个维度的"我"到第二个维度的"身"，它是人类自然生长的过程，是生理成长轨迹。但如果总带着违背自然法则、不健康的生活方式对待身体，就变成了非正常生理的成长。由此，各种身体的疾病和怪病就开始层出不穷。

投射到我的探索中，我的性别是女性。当我的"小我"带着不和谐的角色关系生活、工作，并且和现在社会上的大多数人一样作息、饮食不规律，身体处于亚健康状态时，依赖、恐惧和抱怨积压的情绪，让我的身体发出了警报，出现了巧克力囊肿。即便如此，我也并未意识到身体的警告，仍然不顾一切地向外追逐事业上的成功。直到"裸辞"回到家中和母亲分开居住，亲自承担抚育孩子的责任，进入到探索中时，才逐渐感同身受到一个女性、一名母亲的伟大，逐渐明白违背自然法则和不断向外追逐的生活正在如何摧残着自己的身体。于是，我开始在饮食和作息规律上调整自己的生活。

我不仅不觉得遵守它们是件困难的事情，反而觉得十分正常。久而久之，伴随我多年的肩颈疼痛和头晕的现象也在逐渐消失。

一切都是那么的巧合，我只是懂得了最高的探索智慧，却意外达成自己想要的目标。这时，我才知道多数人包括过去的我，其实都活在"我"和"身"的维度中，也被它们掌控和使用着。

杨老师说，"我"到"身"的生理成长是我们生活的二维世界，也是社会法中最低级的基本生活方式。人类会因为没有意识到应当遵循的规律和秩序，贪婪地从正常的生理成长走上非正常生理成长的道路。比如拼命追求物质、过度追求外在的美丽等。

当我的觉知力提升，明白真正的满足无法从外界物质获得时，也更加坚定遵循道法自然、天人合一。这时，我是一名心灵作家，便拥有使命和责任，将懂得的这些知识经过亲身验证，书写成文字分享、影响所有人。此刻，我便开始走入探索、觉知真实的"我是谁""我从哪里来"和"我要去哪里"的道路上。于是，就进入了MLMS生命觉学量子模型的第三个维度——"心"。

第三个维度"心"同样也有三个元素，分别是觉、价值观和情绪。觉，是探索中时常提到觉察、觉知中的觉。所有的觉，都是通过视、听、嗅、味、触，五觉进行信息传递形成意念觉，产生自动反应的认知和行为习惯。不同的认知代表不同的价值观，也就带来了不同的情绪感觉。

很多人到了一定年龄想修心，却并不知道心在哪。其实，要修的心就在大脑。拥有觉知力，真实看见大脑的运作方式，从五觉到意念觉，就再也不会被大脑编造的故事欺骗而感到纠结了。而一切事物的因果，也会在觉察和觉知中自然显现。

投射到探索上，我才发现过去学心理学时，只懂得了认知的思维模式，却并未走上通往"心"的道路。因此，累积越多的心理学知识，也只是拥有了更多的认知，仍然会因对"心"的不了解，而发生长时间或短暂的困惑和迷茫。

而当我能够与"心"（潜意识）连接并不断通过觉知力借由亲身经历收获潜意识里的信息，带来反思和领悟时，觉知潜能，我觉知到自己心中最喜欢、最擅长的事——写作，于是把心灵作家作为梦想，并想要终身致力于传播幸福文化，造福社会。

觉知情绪，我觉知到自己过往的困惑、迷茫，甚至自己变成了被情绪摆布的木偶，都是大脑勾结过往认知，编纂的不符合生命法则的社会故事。它们令我深陷情绪中，做事拖延，精力分散，产生强大的内耗。直到我拥有接纳和宽容这把情绪的双刃剑后，才有了如今平和、宁静、喜悦的自己。

觉知真爱，我觉知到爱不再是单纯的男女之爱，而是自然的运作规律和秩序下的宇宙之爱。它让我的身体内流动爱的源泉，无条件、无评判、无分别心。它修复了我的人格，让我想要积极主动地给予身边一切人事物爱的力量，播种幸福，让世间充满爱。

觉知价值观，我觉知到旧的，符合社会法则的认知价值观，影响了我多年在心态、健康、事业、家庭、财务、人脉、学习和贡献等多个人生层次上看问题和处理问题的角度，经受了许久的内心痛苦和煎熬。直到代表真理的灵性价值观逐渐呈现时，我才放下一切冲突，我的事业，未来"我要去哪里"才开始初见模样，不断确认，逐渐清晰。

"看来你的觉知力越来越强了。任何人的探索，都要在生活中，保持这两种状态，才能把理论和实践相结合，物质和精神相平衡，获得潜意识里面的大智慧，成就现实中的自己。当你能觉到这一切时，你的生命就从'我'到'身'的二维度世界，升华到了'我''身''心'的三维世界。接着，你内心的觉，会为你注入使命，拥有信仰，向宇宙发出生命最高价值的纯念，调动一切宇宙的资源，充满灵性，获得鲜活的生命。"杨老师说。

循着杨新明老师的 MLMS 生命觉学量子模型我继续解读。

第四个维度"灵"是身心灵修的最高维度。它也包含三个元素，分别是：念、使命和信仰。人每天会有六万个念头，每个人的念头都是从"心"发出来的。只要动了念头，并循着念头去做了，就是一个遵循内心的行为，这是身心合一的体现。可是，六万个念头不能都去做，因此使命和信仰就变得尤为重要。

使命是与生俱来的，如同 DNA 一样藏在"我""身""心"里。在"小我"时，使命是列祖列宗一代又一代人的念头汇聚成的能量，附着在我的姓名里；在"身"里，使命是想要吃穿、生活得越来越好的念头在驱动；在"心"里，使命是追随初心梦想的念头。

凡是成大业的成功人士，都在不断教育自己"不忘初心"，不断地训练自己矢志不渝，始终如一地追随初心。初心的念头驱动使命时，我会自然懂得如何屏蔽那些干扰我牢记使命的杂念，形成"心"中强大的、唯一的信念系统。

所以，杨新明老师说："永远不偏离心灵轨迹的声音，自觉承担与生俱来的责任，愿意以牺牲生命去捍卫的事业和梦想，称之为使命。"

这时，我"心"中强大的、唯一的信念系统，将引领着我始终活在"真我"当中，变成我的信仰。信仰不等于宗教，是宗教也在用信仰的精神作用。信仰就是精神、就是灵魂。它会引领我们的精神找到自己的魂，形成我们与自我的契约精神，拥有敬畏心，自我约束形成自律的思维和行为。

所以，一个民族要有魂、国家要有魂、企业要有魂、个人也要有魂。这种魂，会令我们的生命带着民族、国家、企业品牌和个人社会价值的自豪感，生生不息，繁荣昌盛。

"灵"的最高维度就是"真我"的显现。它是探索接近尾声时，我经历对过去的反复探索，不断实践，投入大量的时间和精力后，才最终呈现在我面前的。

一开始从找到写作初心，确认身心灵领域，成为心灵作家，我始终还会回到对这种自己封的头衔，不相信也不敢确认，信念摇摆的状态。然而，自我确认和重复训练成为我坚定信念的法宝。我将自我确认的文字录成的音频，不断地重复听，来确认、强化这个纯念。我在探索记录中不断地带着觉知力，在强大的自我约束下，自律和自动地取舍每日的大小事。直到"小我"逐渐认同"真我"，并与其协作，携手走上梦想实现的道路。

周卉的自我确认

周卉，你是大地母亲孕育的女儿，你充满着热情澎湃的情感，洋溢着自信美丽的笑容。你要用文字语言分享一切成长的智慧，鼓励、激发每一个想要成长改变的人。你身怀正气、心怀勇气、充满底气，你就是他们活出自己精彩生命的引路人。

周卉，你是大地母亲孕育的女儿，你吸收了天地汇聚之灵气，散发滋养和孕育生命的魅力。身为母亲，你尊重他人独立的人格，全然地支持生命的绽放，唤醒流淌在人与人之间伟大的爱。你要把这一份爱浇灌给每一个人，你就是生命幸福能量的缔造者。

周卉，你是大地母亲孕育的女儿，你拥有家族传承的力量，自带坚韧和恒定的不懈精神。身为妻子，你给予爱人充分的陪伴，在彼此自由拼搏的道路上，让家庭充满仪式感，成全家族血脉的延续。你要把幸福和爱赋予家庭，你就是家族兴旺能量的锻造者。

周卉，你要用全身心的爱来迎接今天，你相信感恩会释放所有的苦悲，你相信感恩会加持爱的传递，你相信感恩会激发强大的自信，每一次感恩都会为你的生命带来无限的能量，你感恩家人给你的支持和鼓励，感恩生命中遇到的每一个支持你、鼓励你、陪伴你甚至打击你的人，是他们，让你练就了海纳百川的心量，是他们，让你拥有了无畏和绝不言输的力量。

周卉，你要用全身心的爱来迎接今天，你从来就专注于目标、专注于梦想、专注于使命。你终身用文字创作的方式引领新幸福文化，重塑文明社会的和谐家庭环境，助力家庭成员的精神成长，帮助许许多多的中国家庭，树立家庭以爱为基础的幸福理念，帮助幸福家族，基业长青。

周卉，你要用全身心的爱来迎接今天，你每天的行动都在向梦想靠近，你的爱像柔和温暖的棉花，像潺潺的流水，像无边的海洋，像辽阔的大地，像广袤的天空，你的爱在一步步地向梦想靠近，越来越近，越来越近，越来越近，越靠近梦想，你越明白你要去哪里，你为什么去，你要什么。你越靠近梦想，你越清晰你是谁。

同时，我开始勾画心灵作家的写作状态和环境。我在家中找了一间房间，亲自动手改造成了写作的书房。写作、看书，占据了我一天里大部分的时间。甚至生活、行为、举止以及穿着，也在逐渐的按照自己构想的样子去打造和呈现。我的"身""心""灵"因此而变得越来越和谐和合一。当我的"小我"也开始认同心灵作家的身份并与行为、思想、认知匹配时，"小我"与"真我"便收获了合一（如表2所示）。

表2 周卉的自我确认表

"真我"信仰和使命		内涵诠释
我是谁？（梦想）	心灵作家	对社会：可以促进物质文明与精神文明建设，增进人类的心灵健康和幸福感。 对家庭：帮助幸福家庭拥有经营力和创造力，提升幸福指数（包括亲孝关系、亲密关系、亲子关系）。传承家族文化自信，成就幸福家族基业长青。 对读者：启迪生命成长促成财富自由的人生智慧，创造在家庭和事业上，精神与物质生活的双丰收。 对伙伴：同心同德、共同践行，成为创造幸福文化生活的领路人。
我要去哪里？（使命）	成为亚洲幸福文化领路人	终身致力于传播幸福文化，成为造福社会的心灵作家
事业	从事传播幸福文化，创造可持续提升幸福指数的教育事业	
价值观		诠释
心态	拥有觉知力，保持平和、宁静、喜悦的情绪	不嫉妒评判、不张扬攀比、不抱怨，平和、喜悦、包容地接纳一切看不顺眼的事情，保持对自己身体和周围一切人事物的觉知力，充满耐心和爱地对自己，并体会他人的需要。不计回报地主动付出，传递爱并影响他人
健康	遵循宇宙生命法则，做到健康饮食、规律作息、定期锻炼	不挑食偏食、不暴饮暴食、不浪费食物、不长期熬夜、不嗜睡成瘾，按照健康膳食科学搭配饮食，每餐五分饱，并做到光盘，每日1.2升水。 保持55~58公斤体重，建立随心可练项目（快走），坚持每周三练
事业	从事传播幸福文化，创造可持续提升幸福指数的教育事业	不偏离专业、不偏离领域、不偏离行业，专心、专注投入，有目标地执行。五年内开设1~2堂幸福文化课程并讲授100次，至少向10000人传播幸福文化

续表

价值观		诠释
家庭	拥有个人幸福指数，营造家庭幸福关系，创造家庭和谐氛围	不缺爱、不错位、不越位，充满爱的在自己的女性角色上做该做的事。 每日修炼自己的耐心和爱心，在家中打造家庭学习和陪伴空间，并张贴自己的梦想规划，陪伴引领孩子建立自己的梦想规划。 拥有家庭日和家庭公益日，塑造可传承的家风文化
财务	拥有合理、合法、健康的资金循环	不触及法外利益、不贪图短期利益、不过度透支消费，建立可持续的收入和投资渠道以及良性的消费方式。 衣食住行，生活消费水平不因收入高低而波动。 家庭中建立公益、日常、储蓄、投资和机动账户。 为孩子建立独立账户，根据其需要由其自行进行财务管理
人脉	远离是非者，保持道德底线，信任、尊重所有人	不攀附、不盲目跟风、不盲目社交，用至少一年的时间观察、相处，建立对应关系。 对陌生人，保持礼貌与尊重、聆听与认同。 对朋友，保持鼓励和支持。 对合作者，保持谦卑与配合。 与生命导师和高质量人脉保持深度的分享和交流。 组织聚会提倡以家庭为单位开展
学习	学习经典、建立不断攀升的同一专业领域的知识体系	不偏离目标、不偏离专业领域、不道听途说，专一、用心、深入地掌握学习的内涵并整理、输出和实践验证。 幸福文化专业上，一年内阅读十本有关幸福的书籍，阅读十本有关家风塑造的书籍。 心灵领域上，长期典藏五部经典书籍，每年至少有一本重读一次。 写作文字技能上，日练习固定潜意识写作，阅读十本经典写作书籍，进行写作专业技能和效率的提升
贡献	传播幸福文化、造福社会	不吝啬、不裹藏、不虚假，坦诚、真诚、真实地付出和给予能力范围内的一切。为学校、企业、社会制定一堂长期公益课，做孩子的榜样

在杨新明老师的MLMS生命觉学量子模型的指引投射下探索自己，这期间，如果我在任何一个维度中选择了放弃，我就无法看见"真我"。从"我"的全息伦理健康到"身"的全息生理健康是生理成长。从"我"的全息伦理健康到"心"的全息心理健康是心理成长。从"心"的全息心理健康到"灵"的全息精神健康是心灵成长。从"身"的生理健康到

"灵"的全息精神健康是灵性成长。

从第一维到第四维，当我在维度的提升中获得广阔的实现梦想的自由时，我便享受到了生命不止、觉知不停、因果循环的美妙。

此时，过去我是我，现在的我也是我，只不过此我非彼我！

这时，我对杨老师说："探索自己找到感觉时，我真的就像春天绽放的花朵一样，感到无比幸福和美妙。然而，它与探索中，发生价值观冲突、经历地狱一般的煎熬、痛苦万分却无处诉说时的感觉，形成了巨大的反差。"我说。

"这种反差也正体现了探索自己的价值和意义。毕竟，人生没有一条路是好走的，但选择了就应该坚定地走下去。其实，任何人想要掌控自己的结果，都可以和你一样用这个方法来实现。但更多人，不愿意付出时间去经历这个过程。带着一颗平静、淡定、从容的心看世界的美妙是只有经历过的人才懂得的。"杨老师说。

"的确如此。我也有过夜晚抱着手机迟迟不肯放下，或者一天只是在浏览无关紧要的资讯，做着零散的事情，在其中消磨时间的时候。尤其在探索越接近尾声，就越会有一种想快点结束的想法。让我时不时从写作探索的状态中抽离出来，要么忙着社交，要么忙着琐事。要不是老师常和我说'再熬一熬'我也不知道自己什么时候就放弃了。"回想着十个月自己所经历的一切。我体验到的，除了揭开过去，坦露痛苦的伤疤外，还体验着当下梦想与现实，探索与现实发生冲突时候的煎熬。这种感觉就像我被捆住双脚，同时有两个皮鞭在我的身上抽打，但我却无法挣脱枷锁，只能忍受疼痛，经受痛苦一样。

然而，"真我"的显现，信念系统对过去一切的修复和自愈，伤口也慢慢长出新的血肉，我也成为新的自己。这让我感到一切付出都是值得的。

"所以说，伟大都是熬出来的！你如今的体验让你成为你自己，它也将会成就你的未来！想想电影中杰克·萨利经受的一切。导演巧妙地把他们以影像的方式还原了出来，但实际上都是我们内心挣扎煎熬的投射。看电影的人都会被带入到这种情节中为之震撼，一个内心经受过这些煎熬的人，他的'真我'又怎么不会感动宇宙？感动自己？感动他人呢？当这场感动使你拥有无比强大的信念系统，给你无穷的力量时，你就能在这个宇宙中刻下一道深深的印记！"杨老师语重心长地说。

现在的我开始踏上逆袭的人生道路了。我用正心、正念、正行的步伐带着逆袭的思维，拨开云雾迈步向前，收获众人给我的力量，流动"真我"爱的能量，与宇宙相连。

我再也不会被隐私和恐惧所束缚，我可以完全敞开自己的"心"与他人发生连接，发生心心相印的能量。我可以给予任何人一个微笑，一声问候和一个举手之劳的小帮忙，令人感到温暖备至。也会在生活、工作以及关系中，充满积极向上的能量。我不再会害怕什么来什么，而是想要什么就来什么。

至此，我所有在看见自己中释放、改变、经历和蜕变的结果都已一一记录完毕。

我终于看见了自己，看见了生命从"小我"到"真我"的"我是谁"。

我希望，每个人都能透过我的文字、透过我的幸福文化，培养一个幸福和谐的家庭，顺利地走上各自的角色和位置，共筑一个充满和谐、爱和民族复兴的和谐社会，为实现人类命运共同体贡献自己的一份力量。

常说有国才有家，这是国家。这是民族、是文明和社会组成的大家庭。其实有家才有个人，这是家庭。这是家族，是教育和成员组成的小家庭。

国家、企业、家庭、个人，它们之间有着如同身体血肉与筋膜连接一般的不可分割。

国家，拥有文化，传承文明；拥有军队，维护和平；拥有人民，输送力量。

企业，拥有文化，传承品牌；拥有团队，维护合作；拥有员工，输送价值。

家庭，拥有文化，传承教养；拥有家人，维护和睦；拥有子女，输送能量。

个人，拥有文化，传承知识；拥有情感，维护和谐；拥有才能，输送智慧。

人民有信仰，国家有力量，民族有希望！

品牌有信仰，团队有力量，公司有希望！

家族有信仰，子孙有力量，家庭有希望！

你的练习

1. 涅槃重生，看见自己

探索者	我是谁？（梦想）	我要去哪里？（使命）	事业	价值观
周卉	心灵作家	成为亚洲家庭幸福文化领路人	从事传播幸福文化，创造可持续提升幸福指数的心灵写作教育事业	心态、健康、事业、家庭、财务、人脉、贡献

（说明：读者用铅笔做自我练习）

2. 参考填写"我、身、心、灵",觉知从探索之前的身心灵不合一状态变成合一状态的工具。

全息心理健康
觉：　知行合一
价值观：超越自己
情　绪：耐心、恒心

全息伦理健康
姓名：周卉
角色：自己的精神领袖
关系：爱人自爱

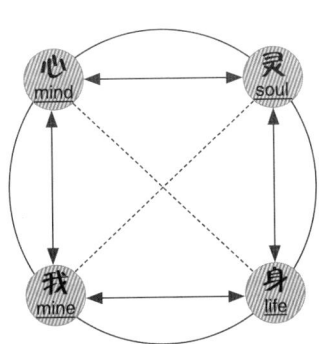

全息精神健康
念：　身心合一的心灵作家
使命：致力于成为心灵作家
信仰：敬天爱人

全息身理健康
性别特质：女性
身相：知行合一的智慧女性
体质：敬畏生命系统、自然自愈

———— 读者用铅笔做自我练习 ————

全息心理健康
觉：_____
价值观：_____
情　绪：_____

全息伦理健康
姓名：_____
角色：_____
关系：_____

全息精神健康
念：_____
使命：_____
信仰：_____

全息身理健康
性别特质：_____
身相：_____
体质：_____

后记

"你准备好了吗？"

"探索记录的结束并不代表生命成长的结束，恰恰才只是开始。在这本书出版的时候，你觉知'真我'的过程，既是对老师 MLMS 生命觉学量子模型的实践记录，也是你对公众作出的一份公开承诺。所以，成为'心灵作家'你准备好了吗？"杨老师语重心长地对我说道。

这个原本计划三个月完成的探索记录，在我摇摆不定和徘徊踌躇的日子里一天天拖延着进度。一转眼，就花费了十个月的时间。"真我"和成为"心灵作家"的梦想呈现时，老师也还在对我的 MLMS 生命觉学量子模型进行反复的指导和修正。

"杨老师，觉知'真我'为我带来了肉体不变，精神世界脱胎换骨后的新生命征程。但现实生活中，仍然拥有更多绚烂和激发起我各种杂念的干扰和诱惑，在分散我的注意力和能量。"我回忆十个月中将理论、探索记录、生活实践纳入生活中时我的感受，对杨老师说道。

"老师跟你说说'楼层理论'吧。"杨老师说到。"'楼层理论'是一个人在现实生活中，如何认真对待仅有一次的选择并终其一生去走完的生命轨迹。比如面临专业、职业、事业、婚姻、交友、合作、使命、梦想、价值观等等的选择，都要准备好认真对待，并遵守契约精神去履行，不离不弃。这时，人生'第一次'的抉择就至关重要。比如人生中的第一个书包、第一个班主任、第一个同桌、第一个男人或第一个女人、第一次上的老师的课程、第一本买的书、第一家工作单位和第一个领导等。'第一次'抉择的重要性在于，它决定了你未来过什么样的生活。周卉，你'第一次'自我探索，'第一次'为自己找到终极梦想心灵作家，你准备好，将如何终其一生去坚守了吗？"

"'楼层'寓意着我们学习和生命成长的阶梯和高楼，如果这层是十楼，我们学习和生命成长的'第一次'就要准备好从一楼开始往上爬。而选择爬什么样的'高楼'、准备好怎么爬、想坚持多久，决定了你人生阶梯的高度和维度。"老师一边说一边在墙上画着。

"当你有了第一次的理念，也就是说你准备好从一楼开始爬这个'高楼'了。如果每一栋楼代表着每一位老师的理论体系的人生阶梯。那今天你跟随杨老师探索生命的记录，你就从一楼开始在爬老师建造的这栋'高楼'。当你从一楼到二楼、三楼、四楼、五楼甚至爬到更高的时候，你的生命在老师的'高楼'里逐渐上升与成长。而老师也在自己的'高楼'里面不断研究与升华。比如你在一楼，老师在六楼。而你爬上五楼、六楼的时候，老师可能就到了八楼、九楼了。这时候，随着你坚持不懈地攀爬，你不仅可以拥有老师的楼层理论，还可能会最终超越老师，建造到十五楼、二十楼，有了自己的'楼层理论'。这就是青出于蓝而胜于蓝的道理，人类所有的科学研究都是一样的逻辑。所以，成为心灵作家的梦想，你准备好了吗？"杨老师说。

我不是为了探索而探索的，也不是为了完成探索而记录的。这里所有的故事，都是我自己生活中真实的探索记录。因此，它只有开始没有结束，意味着我将真正意义上地踏上心灵作家的终身探索之路。所以，第一次以心灵作家的身份面对所有人，这一次，我准备好了吗？我再次询问自己。

"准备好了，当你到了瓶颈的时候，可以不断和老师交流，老师又可以帮你打通。无论你生命中的八个维度，在哪个维度遇到了瓶颈，老师都可以在'生命觉学'体系中给你解答，让你的生命成长一路畅通。把你所有的能量都汇聚在成为心灵作家这件事情上，聚集在一起成为自己的系统。遇到问题，应该在生命成长的过程提升内在的修为，用智慧去解决它才对，而不是放弃、逃避。所以，成为心灵作家你准备好了吗？"杨老师继续说道。

杨老师在"楼层理论"诠释上的升级和每一次的询问，都是在敲打着我"自己成为心灵作家准备好了吗"的自我反馈。这一次的生命探索记录，我专注、用心、专一地在杨新明老师的"楼层理论"里攀爬了十个月。追溯根源，我在企业文化和心理学领域里也已经攀爬了近十年。而当杨老师成为公司的企业文化顾问时，老师生命学术体系在当时的注入，就为我突破自己学习心理学上的瓶颈埋下了种子，也为我想要探索"真我"做好了铺垫。

一年前，我离开自己干了十几年的公司重新回归家庭。我以为从零开始成为"心灵作家"，是自己职业生涯上的"跳楼"。但我一直在践行杨新明老师的家庭幸福文化理念："一个女人决定三代人的命运。"这份注入在我生命里的印记，无法让我忘怀，我希望在自己成为"心灵作家"的路上，可以延续这份幸福文化，也让杨老师的 MLMS 生命觉学量子模型可以在我不断学习攀登的路上，帮助更多需要帮助的人。

"杨老师，我准备好了。我将不断延续、升华我曾经公司的企业文化，并借用老师的 MLMS 生命觉学量子模型，用我自己的方式造福社会。"在内心不断自我确认后，我脱口而出。

在这个多元化的世界，每个人都想要拥有三头六臂、想要无所不能。然而，曾在职场上十几年拥有各种技能的我却最终以迷茫、无所归依收场。这一次，我在杨新明老师手把手地带领和指导中，历经十个月的探索记录最终修成自己的蜕变，是我 36 年生命中收获到最宝贵的礼物，也是宇宙赐予我的馈赠。我感恩杨新明老师的大爱允许我在自己的生命成长中拥有自己的节奏，我感谢杨新明老师的耐心给予我在成长蜕变中走偏、混乱和浮躁时的及时纠偏。所以，在生命探索记录的最后，我只有一句话要说，那就是：

"我准备好了！"

读书笔记

好书是俊杰之士的心血，智读汇为您精选上品好书

习惯陷阱

习惯比天性更顽固，要想登顶成功者殿堂，你必须更强！这是一本打赢习惯改造战争亲历者的笔记实录和探索心语。

赋能领导者

狮虎搏斗，揭示领导力与引导技术之间鲜为人知的秘密。9个关键时刻及大量热门引导工具，助你打造高效团队以达成共同目标。

秒懂逻辑

从逻辑的起点，到形式逻辑的三大基本规律和基本推理，再到19种逻辑谬误等概念浅近直白地呈现出来。

向3M学创新

这是一本向3M光辉创新历史致敬的书，本书是对创新理论的再认识，也是对企业发展基础再思考的过程。

掘金微连锁

连而不锁，迟早散伙！那什么连，用什么锁？实效理念＋亲身实践，一本书读懂从0到1打造千亿级社交电商平台！

企业基因图

这本《企业基因图》揭示了创业者是否具有做老板的基因，经营企业的奥秘，至少让你少走五年的弯路。

创新领导力

本书每章按理论、典型人物、工具介绍和实践的逻辑结构展开。是每一个有志成为创新领导者的读者案头的工具书。

商务演讲七环法

环环相扣，步步为赢，一本写给商务人士的演讲操作手册。揭秘乔布斯、马斯克、马云、雷军等商界精英都在用的说服型演讲技巧！

新零售革命

本书以"新人类"的角度，分析"新人类"对产品、场景、渠道、品牌的需求变化，来重新理解零售。

更多好书 >>

智读汇淘宝店　　智读汇微店

让我们一起读书吧，智读汇邀您呈现精彩好笔记

—智读汇一起读书俱乐部读书笔记征稿启事—

亲爱的书友：

感谢您对智读汇及智读汇·名师书苑签约作者的支持和鼓励，很高兴与您在书海中相遇。我们倡导学以致用、知行合一，特别打造一起读书，推出互联网时代学习与成长群。通过从读书到微课分享到线下课程与入企辅导等全方位、立体化的尊贵服务，助您突破阅读、卓越成长！

书 好书是俊杰之士的心血，智读汇为您精选上品好书。

课 首创图书售后服务，关注公众号、加入读者社群即可收听/收看作者精彩微课还有线上读书活动，聆听作者与书友互动分享。

社群 圣贤曰："物以类聚，人以群分。"这是购买、阅读好书的书友专享社群，以书会友，无限可能。

在此，我们诚挚地向您发出邀请： 请您将本书的读书笔记发给我们。

同时，如果您还有珍藏的好书，并为之记录读书心得与感悟；如果你在阅读的旅程中也有一份感动与收获；如果你也和我们一样，与书为友、与书为伴……欢迎您和我们一起，为更多书友呈现精彩的读书笔记。

笔记要求：经管、社科或人文类图书原创读书笔记，字数2000字以上。

一起读书进社群、读书笔记投稿微信：15921181308

读书笔记被"智读汇"公众号选用即回馈精美图书1本（包邮）。

智读汇系列精品图书诚征优质书稿

智读汇云学习生态出版中心是以"内容+"为核心理念的教育图书出版和传播平台，与出版社及社会各界强强联手，整合一流的内容资源，多年来在业内享有良好的信誉和口碑。本出版中心是《培训》杂志理事单位，及众多培训机构、讲师平台、商会和行业协会图书出版支持单位。

向致力于为中国企业发展奉献智慧，提供培训与咨询的**培训师、咨询师、优秀的创业型企业、企业家和社会各界名流**诚征优质书稿和全媒体出版计划，同时承接讲师课程价值塑造及企业品牌形象的**视频微课、音像光盘、微电影、电视讲座、创业史纪录片、动画宣传**等。

出版咨询：13816981508，15921181308（兼微信）

— 智读汇书苑 099 —
关注回复 099 **试读本** 抢先看

● 更多精彩好课内容请登录 智读汇网：www.zduhui.com